新\时\代\中\华\传\统\文\化
▪知识丛书▪

中华茶酒文化

主编◎李燕 罗日明

海豚出版社
DOLPHIN BOOKS
中国国际传播集团

图书在版编目（CIP）数据

中华茶酒文化 / 李燕 , 罗日明主编 . -- 北京 : 海
豚出版社 , 2022.9
（新时代中华传统文化知识丛书）
ISBN 978-7-5110-6055-6

Ⅰ . ①中… Ⅱ . ①李… ②罗… Ⅲ . ①茶文化－中国
②酒文化－中国 Ⅳ . ① TS971.2

中国版本图书馆 CIP 数据核字（2022）第 131606 号

新时代中华传统文化知识丛书
中华茶酒文化
李 燕 罗日明 主编

出 版 人 王 磊
责任编辑 张 镛
封面设计 郑广明
责任印制 于浩杰 蔡 丽
法律顾问 中咨律师事务所 殷斌律师
出 版 海豚出版社
地 址 北京市西城区百万庄大街 24 号
邮 编 100037
电 话 010-68325006（销售） 010-68996147（总编室）
印 刷 北京市兆成印刷有限责任公司
经 销 新华书店及网络书店
开 本 710mm×1000mm 1/16
印 张 10
字 数 86 千字
印 数 5000
版 次 2022 年 9 月第 1 版 2022 年 9 月第 1 次印刷
标准书号 ISBN 978-7-5110-6055-6
定 价 39.80 元

序言

　　作为中华民族饮食文化中的两朵璀璨奇葩，茶与酒是中国优秀传统文化的重要载体，在几千年的悠悠岁月中深深扎根于华夏儿女的血脉，形成了灿烂的茶文化和酒文化。

　　中国是茶的发祥地，茶是中华民族的举国之饮。中国人对茶的熟悉，上至帝王将相、诸子百家，下至平民百姓、挑夫走贩，狭至一人独酌，广至亲友聚会，可以说，茶早就深入到了社会的各个阶层、各个场景。

　　茶之所以受到人们这般喜爱，不仅源于它的味道，更在于它的内涵。唐代刘贞亮就曾赞誉："以茶利礼仁""以茶表敬意""以茶可行道""以茶可雅志"。同一杯茶，不同的人、不同的场景，喝出的味道、体会出的感受都是不同的，所以人们常说，品茶就是在品味人生百态。中国的茶文化指的就是炎黄子孙在社会实践过程中所创造的与茶有关的物质财富与精神财富的总和，是茶与文化的有机结合，也正是茶之内涵所在。

　　据说，茶发乎神农，闻于鲁周公，在两晋南北朝时开始以文化面貌出现。随着社会的发展与进步，茶不但对经济起到了很好的促进作用，也成为社会精神文明进步的推动者，把人类的精神和智慧带到了更高的境界。

事实上，茶文化作为中华文化的一部分，其内涵也是中华文化内涵的一种具体表现。茶文化以茶道为核心，杂儒、道、佛等诸派思想，包含孝道、贵和、求真等内容，展现出一种超凡脱俗的艺术境界和高尚纯洁的君子情操。

和茶一样，中国很早就有了酒，酒在中国人心中也有着不可撼动的地位，是中国人道德、思想、文化的综合载体，是人们休闲交际不可或缺的情感纽带。

中国是一个以农立国的国家，而酒则紧紧依附于农业，酒与社会经济活动、与人们生活的方方面面都是密切相关的。中国古人将酒的作用归纳为三类：酒以治病、酒以养老、酒以成礼。但其实酒的用途不止这些，它还可以壮胆、可以成欢、可以忘忧，更重要的是，它还具有精神文明方面的价值。

在中国，酒文化以道家哲学为源头。老庄的自然之道、虚无思想，主张物我合一、天人合一，倡导清虚淡泊，追求绝对的自由，将生死荣辱置于身外，这正是中国酒文化的精髓所在。

　　茶与酒、茶文化与酒文化，既是不同的，也是相通的。酒奔放，茶内敛；酒令人沉沦，茶令人清醒；酒使人血活性起，茶令人心平气和。可两者的核心却又是一致的，中国茶道讲究"和，静，怡，真"；中国酒德讲究"逸、和、友、敬、雅、节"。茶文化、酒文化从来都不是对立的，它们都是中国文化的载体，是中华传统文化的重要组成部分。

　　如今，伴随着新时代物质文明和精神文明建设的发展，茶文化和酒文化也被注入了更多新的内涵和活力，它们正在以古老而又崭新的面貌邂逅，并日益影响着越来越多的人。

　　学习茶文化和酒文化知识，不仅能更好地了解中国的历史，还能从中学习那些意义深远的与时俱进的人生哲理和精神内涵。

目 录

第一部分　茶文化：花笺茗碗香千载

第二部分 酒文化：一曲流觞琥珀光

第五章 酒史溯源

第六章 酒礼酒令

第七章　酒宴酒俗

第八章　酒典酒事

第一部分
茶文化：花笺茗碗香千载

第一章
源远流长的
中华茶文化

一、茶的缘起和"茶"字的出现

　　中华茶文化源远流长，饮茶的历史可以一直追溯到先秦时期，然而有趣的是，在先秦的史料中，我们却从来不见"茶"的身影，这又是怎么回事呢？"饮茶而无茶"，那么中国茶到底是从何而来呢？

　　饮茶溯源，今天我们阅遍先秦古籍，却始终没有一个"茶"字。宋刻本"九经"是史学家研究先秦史的重点，但在《易》《书》《诗》《左传》《礼记》《周礼》《仪礼》《论语》《孟子》这九部典籍中，却并没有"茶"字。不单"九经"无"茶"字，《班马字类》中也根本无"茶"字。这是为何？难道是春秋时期无茶吗？其实并不是这样。

　　在先秦时期，中国一直有茶这种饮品，却没有"茶"

这种称呼。当时，古人是以"荼"为茶的，直到唐代"荼"字被减少一笔，这才有了"茶"字，而"茶"的读音也跟着改变了。

荼，有诗所谓"谁谓荼苦"。东汉时期，"荼"字发"磋"音；等到南朝梁之后，才开始读作"徒"音。陆羽在《茶经》中虽然使用了"茶"字，但唐岱岳观王圆题名碑上，还能看见"荼"字，可见唐代并不是所有人都以"茶"称呼这种饮品。

中国幅员辽阔、民族众多，在文字记载方面，对同一种事物，由于地区不同、民族不同，对其称呼和写法也是各不相同。比如能代表"茶"字的，还有"茗"字。

在古代史料中，有关茶的名称很多，到了中唐时期，才确立了"茶"的读音、字形和含义。后来，陆羽的《茶经》更是让"茶"字广为流传。

在中国古代文献中，很早就有"百姓食荼"的记载。不过这里的"荼"并非是一种饮品，而是一种不太常见的食物。西汉时期，汉武帝命使者将黄金、锦帛以及茶叶等物品带到印度支那半岛（旧称，现为中南半岛）。南北朝南齐永明年间，齐武帝命使者将中国茶叶、丝绸和陶瓷等带去了土耳其。唐代永贞元年，日本的最澄禅师从中国回到日本，并将中国的茶籽带回去种植。此后，茶叶从中国向世界扩散，世界各地逐渐开始有了饮茶的习惯。

　　作为既有保健作用又有独特文化的饮品，茶跨越时间和空间，一直流传至今。

二、茶与中国人的教养

在古代，茶除了可以吃饮取乐，还具有一些其他功能。以茶养和、以茶教礼，说的便是茶饮的教育和社交功能。那么，古人是如何将教育活动融入茶饮之中，又是如何借助茶饮来开展社交活动的呢？

在儒家典籍中，《诗经》《尔雅》都有关于茶的记载。自汉朝至隋唐，茶饮不仅对佛禅产生影响，也与儒家文化产生了玄妙的反应。茶的大兴，使大量的文人雅士写下无数关于茶的诗词歌赋。时至今日，人们依然喜欢效仿古人，在吃茶取乐中达成教养之目的。

明代王问《煮茶图》

根据一些文献记载，如陆羽的《茶经》，儒家的祖师为茶文化的发展作出了巨大贡献。儒茶就是根据儒家学术的核心思想，将茶乐融入教诲世人之中。《诗经》中有"饮之食之，教之诲之"一说，也就是说，在人伦日用、工商稼耕中，可以通过茶进行教化。

茶的特性就在于其成分中的茶碱能让中枢神经系统兴奋，有提神、愉悦之功效。这种功效能让饮茶人与外物之间的隔阂消除，逐渐融为一个整体。

国外科研人员研究发现，人在饮茶时，体内会分泌出多巴胺和肾上腺素，使人产生愉悦感。因此，在餐桌上饮茶能够帮助双方更好地达成协议。另外，烟、酒等物也能在交际场合中起到同样的效果，但都不及茶健康。

中国古人早就发现了茶可融入社交、教育，如果在饮食中进行教育活动，能令教化的效果加倍。儒学代表董仲舒在《春秋繁露》卷八《仁义法》中提出："《诗》曰：'饮之食之，教之诲之。'先饮食而后教诲，谓治人也。"也就是说，儒家很早便注意到饮茶取乐对教化行道有所助益。

儒学因仁设礼，以礼显仁。因此，儒学的君子之礼，同茶道中的君子之德相辅相成。在儒家看来，茶之德可以在人伦日用中深化儒之礼。唐代刘贞亮著有《饮茶十德》，在这篇文章中，刘贞亮将饮茶的好处归为"十德"：

"以茶散郁气，以茶驱睡气，以茶养生气，以茶除病气，以茶利礼仁，以茶表敬意，以茶尝滋味，以茶养身体，以茶可行道，以茶可雅志。"

儒家讲"中和"，《中庸》提出了以乐养中："喜怒哀乐之未发，谓之中。发而皆中节，谓之和。中也者，天下之大本也；和也者，天下之达道也。致中和，天地位焉，万物育焉。"

裴汶则在《茶述》中指出，茶叶"其性精清，其味淡洁，其用涤烦，其功致和。参百品而不混，越众饮而独高"。

赵佶在《大观茶论》中说："至若茶之为物，擅瓯闽之秀气，钟山川之灵禀。祛襟涤滞、致清导和，则非庸人孺子可得而知矣。冲澹简洁，韵高致静，则非追速之时可得而好尚炎。"

宋代刘松年《撵茶图》

朱熹则以"和"为茶之正道，《朱子语类》卷第一百三十八《杂类》中说："建茶如'中庸之为德'，江茶如伯夷叔齐。又曰《南轩集》云'草茶如草泽高人，腊茶如台阁胜士'。似他之说，则俗了建茶，却不如适间之说两全也。"

儒家在吃茶取乐之中达成的教养，是以茶养和、以茶
教礼，以和入茶、以礼入茶。在儒家茶道中，仁人君子需
要正心正德、修齐治平。教，是知识日新；养，是仁者
爱人。

在儒茶中，散发出的是教养的光辉。

三、茶是最简单的"道"

古人饮茶，多能品饮出一些玄妙的道理来，宋代大文豪苏轼便将自己对茶道的理解，融入自己的作品中。苏轼究竟在饮茶之中悟出了哪些道理？他又是如何将这些哲思融入作品之中的呢？

中国历代文坛有不少喜茶的诗人，但如果要选出最具代表性的，应当非苏轼莫属了。自古以来，中国便有"李白如酒，苏轼如茶"一说。李白之诗狂野、飘逸，宛如酒神般潇洒、豪放；苏轼之词浪漫、内敛，犹如茶之淡雅清高、沉稳理性。

读苏轼的茶诗，总能让人在不知不觉间陶醉。在失意时，他没有像李白那样寄情山水，而是寄情茶道，充满忧国忧民的思想。苏轼将茶比作"佳人""仙草"，也将茶视作自己的好友。能与苏轼的浪漫媲美的，唯有道家的庄子了。

苏轼从品茶中体悟到的人生，感知到的玄理，可不就跟道家提倡的一样吗？给自己的心灵一方净土，从中寻求精神上的解脱。正如后人的评价："读苏轼诗文，染茶味清香。"正是这样的茶道，才成就了苏轼茶香四溢的传奇一生。

苏轼在《水调歌头》中云："老龙团，真凤髓，点将来。兔毫盏里，霎时滋味舌头回。"这首词浪漫、清新，绘声绘色地写下了采茶、制茶、点茶、品茶的全过程。

在《西江月》中，苏轼挥毫写出："龙焙今年绝品，谷帘自古珍泉。雪芽双井散神仙。苗裔来从北苑。　汤发云腴酽白，盏浮花乳轻圆。人间谁敢更争妍。斗取红窗粉面。"这样充满自然意趣的词，细腻传神地描绘出了茶水的形态，恰如其分地表达了品茶的美妙感受。

苏轼曾说，他的茶道是"静中无求，虚中不留"。在品茶中，讲究心境与虚静，才能品出口感最佳的茶，才能写出豪放柔美的诗，就像"人有悲欢离合，月有阴晴圆缺，此事古难全。但愿人长久，千里共婵娟"。在天地自然之间发出自己的呼喊，才能让心灵超脱肉体，随着感悟进入另一个无限的时空。

道家的茶文化也体现着这样的思想。陶弘景在《杂录》中指出："茗茶轻身换骨,昔丹丘子(丹丘子为汉代仙人,茶文化中最早的道家人物)黄君服之。"在这句话中,茶与道家追求"长生不老"的观念,自然而然地契合在一起。

道家品茶时,不仅对好茶、好器和好水有所讲究,还对品茶环境、氛围和心境要求颇多。表现在茶道中,就是道家渴望顺其自然,回归自然。茶之高雅、洁净、自然,就宛如人性中的虚、静、雅一般。

苏东坡

《茶经》将饮茶升华为一种艺术,从炙茶、碾末、取火、选水到煮茶、斟茶,每一个步骤,都反映了饮茶人精神与自然的统一。

"一枪茶,二旗茶,休献机心名利家,无眠为作差。无为茶,自然茶,天赐休心与道家,无眠功行加。"在道家看来,茶是上天赐予他们的琼浆玉露。与一些追求名利的世俗之人不同,道家之饮茶是为了忘却红尘烦恼,逍遥遁世。这种出世,才是人生的一大乐事。

　　道家饮茶，格外注重养生。或许正是因为"天人合一"的道家思想融入了茶道精神，在道茶的不断发展下，中国的茶人才有回归自然的机会，才有亲近自然的渴望。也正因为如此，我们才能领略到人与自然"物我玄会"的绝妙感受。

四、茶的"七义一心"

"七义一心"既是中国茶道文化的精髓，也是重要的哲学和美学思想，是中国茶道文化精神的集中体现。那么，"七义"都有哪些？"一心"又指什么？这些茶道文化的精神对现代茶道又产生了哪些影响呢？

中国茶道有"七义一心"之说，其中，"一心"指的是"和"，平和、温和、和谐、和顺，这是茶道的初心，也是茶道的核心。

"和"，不但属于茶道范畴，也属于哲学和美学的范畴。从上古时期，我们的祖先就对"和"十分崇尚，这也体现了中国先民们渴望幸福生活的朴素感情。在茶道中，"和"字的内涵非常丰富，它除了囊括常规的静、敬、寂、俭、清、廉、美、乐等意义外，还涉及天时、地利、人和等各个层面，是茶道当之无愧的核心。

　　禅茶、儒茶与道茶都体现了各家对茶文化的理解，但三家共同提出了"和"，可见茶道的初心融入了各家各派，让各家各派的思想殊途同归。禅茶推行"主客皆忘空"，展现的是规范之"和"；儒家重视礼仪，体现了中和之"和"；道家重视自由与自然，代表了随意之"和"。总结而言，茶道中的"和"是三家之和。

　　我们已经了解茶道中的"一心"，那么"七义"在茶道中又扮演着什么角色呢？中国茶道的"七义"，又被称作"七理"，其组成为：茶艺、茶礼、茶德、茶情、茶学说、茶理、茶道引导。其中，茶道引导也被称作茶气功。

　　如今，我们奉行的茶道是以儒家为主的礼仪之和、中和之和。所以，在茶之"七义"中，除了茶艺外，最受人们重视的便是茶礼。

　　所谓茶礼，就是人们通过茶作媒介，聚在一起共同修身养性的生活礼仪。随着茶文化越来越流行，茶礼对品茶的影响也越来越受到人们的重视。后来，茶礼逐渐发展为主人通过对茶的器具、水质、火候、烹制、品饮等部分的把握，成为与客人间互增情谊的活动。

　　可以说，茶礼是茶道不可或缺的人文部分，也是与茶艺联系最为紧密的部分。茶礼的中心与重心都是人，其载体是参加活动的全体成员。人们以茶礼为契机，在众人面前优雅地表达自己。客人可以通过主人对茶礼的重视，直观地判断主人的性格与品质。

茶礼的主要目的是养生，这就要求主人对茶艺与茶理十分精通。至于茶情等需要依赖主人艺术修养的部分，则只能是智者见智、仁者见仁了。

其实，现代有关茶道、茶礼的研究方向，与人类学的研究方向有着异曲同工之妙。到了 20 世纪，人类学家们认识到人类由两种状态组成：一种是物质状态，一种是精神状态。而人类也有两种基因：一种是动物基因，一种是文化基因。所以人类学开始了两大方向的研究：体质人类学、文化人类学。

明代文徵明《品茶图》

现代茶道的研究方向也是如此，其要解决的问题有两点：

第一，什么是科学、养生的饮茶方法？

第二，茶道能为人们的人格修炼作出何种贡献？

也就是说，养身与修身是现代茶道的两大方向，而茶理是解决养身问题的，茶礼则是解决修身问题的。

作为一种常见的生活礼仪，茶礼不仅是茶道的一部分，也是社会礼仪的一部分。从社交方面看，茶礼具有稳定社会秩序、促进人们和谐社交、改善人际关系等功能。茶礼中蕴含的以和为贵、尊老爱幼、尊师敬长等文化理念，也是现代社会礼仪所提倡的。

茶礼作为茶道中的精神层面，其作用就是在茶事活动中，将茶道抽象的文化精神具体化、规范化、制度化。作为一种具体的制度与规范，茶礼引导着茶道散发"七义一心"的魅力，维护茶道的和谐品质，也促进参与茶事活动的人的社交关系。

作为茶道之礼，茶礼能够维护人情秩序，促进精神文明建设；作为社会之礼，茶礼能够维护社会秩序，促进社会和谐稳定。可见，茶礼就是一座连接茶世界与人类社会的人文之桥。它将茶道精神融入社会，也将人情融入茶。

第二章

古往今来的
中华茶学

一、唐朝以前的茶文化

上下五千年，茶的身影始终出现在中国历史的进程中。既然茶文化是和中华文化一起诞生的，那么在上古时期，是谁从自然中发现了茶？中国人最原始的食茶方式又是怎样的呢？

中国人饮茶的历史源远流长，古书上说"茶之为饮，发乎神农，闻于鲁周公"。也就是说在古人看来，中国茶可以一直追溯到神话传说时代的神农氏。

神农氏最著名的一个传说便是尝百草。茶作为植物的一种，最早也是被神农氏当作治病的药材加以搜集和鉴尝的。神话传说我们无从考证，但在有记载的文字中，茶最早确实不仅仅是饮品这么简单。

成书于晋代的《华阳国志》中记载："武王既克殷，以其宗姬（封）于巴，爵之以子……其果实之珍者，树有荔支……园有芳蒻、香茗。"

　　这段话讲述的便是周朝建立之后，巴蜀地区的政权便将茶作为一种珍贵的贡品进贡给周天子，而这段话也说明，至少在周朝时期便已经有人工种植的茶园了。

　　而在《周礼》中，我们也可以看到这样的记载："掌茶，下士二人，府一人，史一人，徒二十人。"

　　在茶这件事上就需要二十四个人共同配合，可见当时的人对于茶的重视。那为什么大家如此重视茶呢？《周礼》中说："掌茶，掌以时聚茶以供丧事……"原来茶在当时是不可缺少的祭品。由此可见，在先秦时期茶是作为一种珍品用以进贡和祭祀的，而茶的食用方式是什么，我们现在则无从考证了。

　　秦汉时期，茶文化进一步发展，我们也就能够找到关于茶食用方式的确凿证据。顾炎武在《日知录》中考证茶饮时说，自秦征服四川之后，中原地区便开始饮茶了，由此可见，当时食茶的方式是饮用。那么是冲泡还是烹煮呢？答案是后者，南北朝文学家王褒有"脍鱼炰鳖，烹茶尽具"的骈句，说明当时茶是用来煮的，不仅要煮，而且要用专门的煮具。

　　但是煮也并非唯一的食茶方式，东晋裴渊在《广州记》中记载："酉平县出皋卢，茗之别名。叶大而涩，南人以为饮。"虽然裴渊没有说明白南方人饮茶的方式，但根据上下文，我们可以推测出饮茶的方式也许是冲泡。

也就是说到秦汉时期，茶已经从祭祀和进贡的神坛走下，成为人们的一种日常食品，而最迟到魏晋时期，多种多样的食茶方式也已经出现了，如烹煮、冲泡、抹茶食用等。

而此时，茶除了食用的特点之外，其医用价值也被单独提了出来，汉名士司马相如就曾经在他的《凡将篇》中阐述过茶的医药作用，其他著作中也多有以茶作为养生保健饮品的记载。《三国志》中记载，吴后主孙皓穷奢极欲，总是喜欢在宴会上强行令人喝酒。名士韦曜酒量不大，但深得孙皓喜爱，于是孙皓便让韦曜以茶代酒，和别人喝得一样多，但不伤精神。这便是"以茶代酒"这个典故的最早出处了。

总而言之，中华茶文化在唐之前就出现了，无论是饮用方式、品类，还是功用，都已经慢慢形成，茶饮经过千年的发展，已经具备了一种重要文化所需的一切要素，只等待社会的发展赋予它真正的文化符号了。

二、唐朝的饮茶文化

　　经过秦汉、三国、两晋、南北朝的文化沉淀，中国茶饮在唐朝正式发展为一种文化潮流，无论是宫廷贵族还是平民百姓，无人不以饮茶为能事。那么，唐朝茶文化有着怎样的特点？唐人又是如何饮茶的呢？

　　宋代有诗说："自从陆羽生人间，人间相学事春茶。"陆羽的《茶经》传世后，茶这种饮品开始广泛普及，并逐渐传播到世界各处。

　　唐代人对茶道有着独特的讲究，饮茶之风在当时已经非常盛行。据说，著名的"工夫茶泡法"就起源于唐代。唐代饮茶人讲究鉴茗、品水、观火、辨器。在饮茶方式上，他们又将茶艺演化为煎茶、庵茶、煮茶等方式。

　　在唐代，饮茶需要放下纷扰，慢慢品味。唐之前，人们的饮茶方式多为粗放式豪饮。彼时，茶除了药用外，最大的功效就是止渴。且饮茶时还要加入许多佐料，如葱、姜、枣、陈皮、茱萸、盐等，在饮用的时候连吃带喝，因此古人又将饮茶的行为称作吃茶。

陆羽很不欣赏这种饮法，认为这是在破坏茶本身的味道。因此，他提倡人们采用细煎慢品式的煎饮法，仔细品味茶之真味。

唐代的茶叶有粗茶、散茶、末茶、饼茶四种。饼茶即茶饼，经常使用煎茶法烹制。煎茶前还有三道工序，分别是炙、碾和筛。将茶饼复烘干燥，谓之炙茶，待茶叶冷后，再将茶取出打碎，碾成粉末，用箩细筛，茶即成待烹的茶末。通过三道工序，饼茶被加工成细颗粒状的茶末，此时再进行煎茶。

除煎茶外，唐代还有庵茶。庵茶需将茶叶碾碎后再进行煎熬、烤干、舂捣等工序，然后将茶叶放入瓶子等细口瓦器中，灌上沸水浸泡。庵茶不仅在民间广为流传，在宫廷中也有此种饮茶法。唐代的《宫茶图》，描绘的就是宫廷中使用庵茶法饮茶的画面。

陆羽的《茶经》遍传天下

法门寺地宫出土的唐代茶碾子

后，古人纷纷遵循其倡导，择泉水而泡茶。此后，便有了张又新所著的《煎茶水记》。《煎茶水记》是一篇专门给各地的水排名列次的文章。为了更好地比较各处水的不同，他曾亲赴各地取水鉴别，并将天下适合泡茶的水评列了二十个等级。

在张又新之前，也有人为泡茶之水排列了名次。据《煎茶水记》记载，唐代的刘伯刍是最早提出煎茶水品的人，其排名如下：扬子江南零水第一；无锡惠山寺石泉水第二；苏州虎丘寺石泉水第三；丹阳县观音寺水第四；扬州大明寺水第五；吴松江水第六；淮水最下，第七。

在《煎茶水记》中，张又新将适合泡茶的水分成了二十个等级，具体排名如下：庐山康王谷水帘水第一；无锡县惠山寺石泉水第二；蕲州兰溪石下水第三；峡州扇子山下有石突然，泄水独清冷，状如龟形，俗云虾蟆口水，第四；苏州虎丘寺石泉水第五；庐山招贤寺下方桥潭水第六；扬子江南零水第七；洪州西山西东瀑布水第八；唐州柏岩县淮水源第九；庐州龙池山岭水第十；丹阳县观音寺水第十一；扬州大明寺水第十二；汉江金州上游中零水第十三；归州玉虚洞下香溪水第十四；商州武关西洛水第十五；吴松江水第十六；天台山西南峰千丈瀑布水第十七；郴州圆泉水第十八；桐庐严陵滩水第十九；雪水第二十。

这二十种水，张又新都一一尝试过，并且得出不少心得。比如张又新写道："夫茶烹于所产处，无不佳也，盖水土之宜。"这句话意思就是茶在它的原产地烹煮，都是上佳的，因为水土适宜。当茶叶离开原产地，泡茶之水的功效也就减半。如果使用完善的烹制器具，也能稍稍弥补一二。

"古人研精，固有未尽，强学君子，孜孜不懈，岂止思齐而已哉。"在张又新看来，古人对茶的研究很精深，但总还有需要补充的地方，这种不尽善尽美的地方，正是需要后人琢磨钻研的。君子需要对前人留下的事物持去粗取精、持续创新的态度，哪能只一味"思齐"呢？

三、步入巅峰的宋元茶文化

宋元时期，随着市民阶层的出现和娱乐活动的增加，中国茶文化逐渐被推上了巅峰，文人们对茶的追捧愈演愈烈，茶在文人生活中扮演的角色也变得无比重要，并正式走进书房，成为中国雅文化最常见的代表元素。

到了宋代，茶业已经有了很大的发展。陆羽的《茶经》将茶推广到全国，又辐射到了世界。在宋朝茶文化中，还出现了专业品茶社团，如官员组成的"汤社"、佛教徒组成的"千人社"等。茶之文化，在宋代可谓是到达顶峰。

宋太祖赵匡胤便是位嗜茶之士。在宋代宫廷中，太祖专门设立了茶事机关，并且将宫廷用茶划分了等级。至此，茶仪成为一种礼制，赐茶也变成皇帝笼络大臣、眷顾亲族的重要手段。在宋代，皇帝还给外国使节赐茶。至于下层社会的茶文化，更是充满生机与人情味。

迁徙时，邻里要"献茶"；有客来，要奉上"元宝茶"；订婚时，要举行"下茶"；结婚时，新人要"敬茶"；同房时，夫妻要"合茶"。

正是茶文化的飞速发展，才让民间生起一阵斗茶之风，也为采制烹点带来了一系列变化。

宋代饮茶人就茶文化在社会层面和文化形式方面进行了拓展，让茶事一度十分兴旺。元代之后，茶文化由繁盛转为曲折发展。

元代的茶艺繁复、琐碎、奢侈，缺失了宋代茶文化所蕴含的思想内涵。这种过于精细的茶艺，也将原本高洁深邃的茶文化逐渐消磨。元人喝茶，并非为了修身养性，他们更多是为了"喝礼""喝气派"，饮茶也就成了"玩茶"。

造成元代时期茶文化衰退的原因有二：一方面，元代统治者是北方游牧民族，对茶虽说喜欢，但更多的是为了充面子，在文化上，他们对品茶煮茗之事兴趣不大；另一方面，喜好茶道的汉族饮茶人，在面对异族压迫、国家倾覆时，无心纵情茶道。

元代这两股截然不同的思想潮流，都对茶文化有所冲击。经过一番磨合，茶艺开始向简约便捷、返璞归真的方向发展。直到明代中叶之后，茶文化依然表现为简约的茶艺。茶文化精神也跟自然相契合，不少饮茶人都想通过饮茶的行为来表现自己的气节。

苏廙（yì）是一个拥有有趣灵魂的古人，他用极其生动的比喻将茶写成了一卷《十六汤品》。《十六汤品》原是苏廙所著的《仙芽传》中的第九卷。可惜《仙芽传》已经散佚，没有流传下来。所幸的是，纵然昙花一现、彗星一闪，也有知音捕捉到这流华一束。

宋人陶谷留下了一部《清异录》，他将《十六汤品》编入"茗荈部"的第一条。由于陶谷将《十六汤品》的作者、出处和文章实事求是地记录在册，身世成谜的苏廙才被后人记住，并为他在中国茶学史上留下一处"茶席"。

"煎以老嫩言者凡三品，注以缓急言者凡三品，以器标者共五品，以薪火论者共五品。"在十六种汤品中，每种茶品的滋味都不相同，但都恣意归真。

古往今来，数以万计的饮茶人在灯下翻阅此书，与苏廙神交畅饮。因苏廙的语言实在生动有趣，点评谈吐亦中肯诙谐，晃神间，你会发现一个赤足卧席的青年，正眉飞色舞地对你品评茶的差异。在这样的文字中，人们总能感到缕缕茶香。

《十六汤品》从候汤、注汤、择器、选薪四个方面，生动形象地阐述了煎茶的过程。

煎茶，烧水的火候很重要。对于适宜煎茶的茶品来说，使用纯正的沸水最佳。用此水煎成的茶汤，被苏廙称作"得一汤"。这种茶汤多一分太老，少一分太嫩，如斗中米，如秤上鱼，高低适平，得"一"而生，因此称作"得一汤"。"得一汤"如《道德经》中所述，"天得一以清，地得一以宁"。天之所以清朗，得益于自己本身的气源；地之所以安宁，得益于自己本身的土源，而上品茶汤，得益于茶叶本身的真味。

在苏廙看来，茶汤贵在有"中正平和"之气。因此，火候不及的"婴汤"和过犹不及的"百寿汤"皆不可取。"婴汤"，即茶炉中的柴火刚烧不久，盛放热水的茶锅刚刚发烫，饮茶人便匆匆将茶叶倒进锅内所得的茶汤。"婴汤"性状绵软，缺乏劲道。"百寿汤"，又称"白发汤"，是将茶汤沸腾了十多次，再将茶叶倒入锅内所得的茶汤。"百寿汤"已失性，更不宜饮。

在苏廙看来，注汤的速度和力度也会对茶品造成影响。腕力不均的"断脉汤"以及腕力太猛的"大壮汤"都不可取。"中汤"，才是以注汤法泡茶的佳方。"断脉汤"会导致"汤不顺通，故茶不匀粹"，如人的血脉断断续续，无法延年益寿；"大壮汤"则像"力士之把针，耕夫之握管"，无法泡出高品质的茶汤。

不同材质的茶器也会对茶汤的口感造成影响，苏廙按照茶器的材质将茶汤分为五类。

使用金银器具盛放的茶汤，被称作"富贵汤"。苏廙认为，使用金银器具并非奢靡，就像音色上乘的古琴不能缺少桐木，黏性上佳的墨汁不能缺少胶质一样。

使用石制茶器盛放的茶汤，被称作"秀碧汤"。"凝结天地秀气而赋形者也，琢以为器，秀犹在焉"，使用天然古朴的石杯盛茶，会让茶汤的口感格外清新。

使用瓷制茶器盛放的茶汤，被称作"压一汤"。幽士逸夫就喜好用瓷瓶泡茶。将色泽诱人的茶汤盛放在瓷瓶中，能让茶汤的色泽更加温润养目。

使用铜铁铅锡打制的茶器盛放的茶汤，被称作"缠口汤"。此类茶汤味道"腥苦且涩，饮之逾时，恶气缠口而不得去"，乃是下品茶汤。

使用未上釉的陶瓦茶器盛放的茶汤，被称作"减价汤"。顾名思义，就是最下品的茶汤。正如谚语"茶瓶用瓦，如乘折脚骏登高"，在苏廙看来，这种茶碗即使冲泡帝王的"御胯宸缄"，茶汤也会难以下口。

苏廙善于品茶，且精于茶艺。因此，《十六汤品》文风诙谐有趣，文字才华斐然，不啻为候汤煎茶的代表之作。

四、去繁就简的明代茶文化

宋代茶文化可以用奢侈来形容，然而元代后，贵族茶开始走下坡路。团饼茶的加工成本实在太高，且在加工过程中，"大榨小榨"之技术几乎将茶叶中的茶汁榨尽，这也违背了茶叶的自然属性。因此，在明代民间，散茶开始大行其道，去繁就简也就成了明代茶文化最大的特点。

散茶真正广泛流传是在明洪武二十四年（1391年）。《野获编补遗》中记载："至洪武二十四年九日，上以重劳民力，罢造龙团，惟采芽茶以进。"这可谓"开千古茗饮之宗"，由此散茶正式登上了历史舞台。

在明代，散茶的种类繁多。其中，在当时很有影响的茶类有：武夷、龙井、松萝、天池、雁荡、罗岕（jiè）、日铸、大盘、虎丘等。这些散茶冲饮方便，无需"先碾罗后冲饮"，其烹试之法"亦与前人异，然简便异常，天趣悉备，可谓尽茶之真味矣"。

诗人陈师道记载了一种流行于苏、吴一带的烹茶法："以佳茗入磁瓶火煎，酌量火候，以数沸蟹眼为节，如淡金黄色，香味清馥，过此而色赤不佳矣。"这种烹茶法即壶泡法。杭州一带与苏吴略有不同，"用细茗置茶瓯，以沸汤点之，名为撮泡"。其实，不管是壶泡茶还是撮泡茶，都比之前的烹茶法更为简便，也更加还原了茶叶的自然天性。

由于茶叶无需再碾末冲泡，因此明代之前使用的碾、磨、罗、筅、汤瓶之类的器具都被废弃了，就连宋代最受喜爱的黑釉盏也被搁置起来，取而代之的是景德镇的白瓷。

明代文学家屠隆在《考盘余事》中描述白瓷："宣庙时有茶盏，料精式雅，质厚难冷，莹白如玉，可试茶色，最为要用。蔡君谟取建盏，其色绀黑，似不宜用。"前人《茶录》也记载："盏以雪白者为上，蓝白者不损茶色，次之。"因为明代之茶，向来以"青翠为胜，涛以蓝白为佳，黄黑纯昏，但不入茶"为上佳。在明代饮茶人看来，使用雪白的茶盏衬托茶叶，更能凸显茶叶之青翠，尽得茶之天趣。

明代的饮茶方式也给茶具的发展带来了一大转变。在明之前，人们将带把的容器统一称作"汤瓶"，又称作"偏提"。到了明代，专门用来泡茶的茶壶才开始出现。

壶的出现，弥补了盏茶易凉、易落尘土的不足，也极大地简化了饮茶的程序，受到饮茶人的极力推崇。从此，壶、盏搭配的茶具组合穿越历史，延续至今。

与饮茶方式不同，明代的品茶要求是极其严格的。明人冯可宾在《芥茶录》（也有作《芥茶笺》）中提出了品茶"十三宜"和"七禁忌"。时至今日，品茶"十三宜"和"七禁忌"依然是人们品茶时的借鉴之法。

出土的古代茶壶

"十三宜"：

一曰"无事"，品茶时才能超凡脱俗，悠然自得；

二曰"佳客"，人逢知己，一茗在手，可推心置腹，海阔天空；

三曰"幽坐"，幽雅的环境能使人心平气和，无忧无虑；

四曰"吟诗"，茶可引思，品茗吟诗，作为助兴；

五曰"挥翰"，墨茶结缘，品茗泼墨，可助清兴；

六曰"徜徉"，青山翠竹，小桥流水，花园小径，胜似闲庭信步；

七曰"睡起"，早晨醒来，清茶一杯，可清心静气；

八曰"宿醒"，酒足饭饱，品茶可醒酒消食；

九曰"清供"，品茶时佐以茶点、茶食，自然相得益彰；

十曰"精舍"，茶室要幽雅，可增添品茶情趣；

十一曰"会心"，品饮茗茶时，要专注用心，做到心有灵犀；

十二曰"赏鉴"，要精于茶道，学会鉴评，懂得欣赏；

十三曰"文童"，旁边有专人服务，煮水奉茶，得心应手。

"七禁忌"：

一曰"不如法"，指煮水、泡茶不得法；

二曰"恶具"，指茶具挑选不得当；

三曰"主客不韵"，指言行粗鲁，缺少修养；

四曰"冠裳苛礼"，指官场间不得已的被动应酬；

五曰"荤肴杂陈"，指大鱼大肉满席，咸酸苦辣俱全，不得品饮；

六曰"忙兄"，指忙于事务，不能静心赏茶、品茶；

七曰"壁间案头多恶趣"，指室内布置凌乱无序，令人生厌。

因此，明代之茶文化，又可总结成"一人得神，二人得趣，三人得味"的说法。

五、逐渐衰落的清代茶道

清代是中国封建统治的巅峰，二百六十多年的统治将中国传统文人压得"万马齐喑"，按理说，埋首故纸堆的清代文人应该使茶文化更上高峰才对，然而谁也没想到，茶文化却在清代逐渐衰落下来。

茶文化到了清代开始没落。清代人品茶，更多是为了解决干渴等生理问题，比起饮茶文化，他们更看重饮茶的实际作用。清初，统治者废除了一切禁令，允许民间百姓自由种植茶叶，或设捐统收，或遇卡抽厘，以用于茶政。

在清代，茶越来越成为民间不可缺少的饮品。古人的七宝——琴、棋、书、画、诗、酒、茶，也逐渐演变为开门七件事——柴、米、油、盐、酱、醋、茶。

虽然清代有过"康乾盛世"，但在乾隆时期，这种盛世也呈现出强弩之末之态。到了清朝末期，没人能挽回清政府在政治经济方面的衰落。在这样的格局下，高雅的茶文化更加受到冲击，但饮茶却更加平民化、普及化。

明清时期，茶馆开始流行。作为一种平民化的饮茶场所，茶馆成为百姓聚会谈天的主要地方。清代是我国茶馆的鼎盛时期，清初时期，茶馆便如雨后春笋般迅速发展起来。

根据清代史料记载，仅北京知名的茶馆就有三十多家，到了清末，上海地区的茶馆更多，一度达到六十六家。在乡镇，茶馆的发达程度丝毫不逊于大城市，尤其在江苏、浙江一带，有时整个镇的居民仅有数千家，但茶馆的数量却有百余家之多。

清代御制茶壶

茶馆在中国茶文化中非常引人瞩目。清代，茶馆的功能特色已经不仅限于饮茶加点心了，说书人的常驻，使茶馆增添了聚众功能。在江南的集镇上，茶馆更可充当赌博场所及裁判场所，"吃讲茶"就是其中比较著名的文化。

在南方，街坊邻居发生纠纷后，需邀请德高望重的长者到茶馆主持公道。如果事情得到圆满解决，则可饮茶谈笑；如调解不成，就有可能碗盏横飞，大打出手。

在清代的二百六十多年间，有关茶的著作只有十余种，其中有不少著作下落不明。和明代茶文化的繁盛相比，清代茶文化衰败得可怜。特别是在鸦片战争后，中国的茶文化极其衰弱，茶道也一度低迷。在上层社会的交往中，饮茶也逐渐演变出另一种习俗。

"端茶送客"是清代特有的习俗。当主人与来宾的谈话不融洽时，主人就会端起茶杯，其意思就是下逐客令，仆人见状，便高呼"送客"。如果来宾知趣，就会立刻告辞离去，不再逗留。这种习俗与之前的"客来烹茶""敲冰煮茗""以茶待客"等文化可谓是天差地别。

清代以来，中国的广东、福建等地区，一种叫"工夫茶"的茶文化开始盛行。工夫茶的兴盛，带动了专门烹制工夫茶的饮茶器具的发展。比如，茶壶，工夫茶壶以紫砂陶为上佳，其通体呈圆形，扁腹，努嘴，曲柄大者，可受水半斤；铫（diào），即煎水用的水壶，其种类以粤东白泥铫为主，小口瓷腹；茶炉，用细白泥精制而成，呈截筒形，高一尺二三寸；至于茶盏、茶盘等茶具，则多为青花瓷或白瓷，茶盏薄如蛋壳，甚为精巧。这种新兴的工夫茶，让清代逐渐衰落的茶文化得以延续。

第三章

不同茶类的
不同工艺

一、绿茶：不发酵的天然茶

"赌书消得泼茶香，当时只道是寻常。"绿茶是我们在生活中最常见的茶品，一杯淡淡的绿茶，总能给人一种清新淡雅的感觉，而绿茶也被认为是最天然、最原汁原味的茶。那么，这种天然的绿是怎么制成的呢？

绿茶的制作工艺十分简单，一共分为三个部分：杀青、揉捻和干燥。其中，杀青是制作绿茶的关键步骤。绿茶的鲜叶通过杀青手法可钝化酶的活性。在没有酶的影响下，用热力作用让绿茶进行物理变化与化学变化，最终形成绿茶特有的品质。

杀青

杀青是绿茶制作的决定性环节，也对绿茶的品质起着决定性作用。人们通过高温手法制止多酚类物质的氧化，因此绿茶的叶子不会变红。与此同时，鲜叶内的部分水分得以蒸发，使茶叶变得柔软，为之后的揉捻成形创造条件。

绿茶鲜叶中的青叶醇沸点较低，随着水分蒸发，芳香物质也会挥发消失，从而让茶叶的香气更加馥郁。除特殊茶品外，此过程都需在杀青机中进行。杀青温度、杀青时间、投叶量、杀青机种类、杀青方式等，都会对杀青质量产生影响。

杀青的常用手法是炒青，除炒青外，还有烘青、晒青和蒸青等手法。烘青指使用烘笼烘干茶叶。烘青毛茶需要经过再加工精制，大部分烘青的香气不如炒青高，但依然有少数茶品使用烘青手段能使茶品更优。晒青即用日光晒干，蒸青即以蒸汽杀青，是我国古代的杀青方法。

揉捻

揉捻是对绿茶进行塑形的一道工序。茶叶通过外力作用，使自身叶片变得柔软轻盈。人们将茶叶卷转成条，体积缩小，这样更方便日常的冲泡。

制作绿茶的揉捻工序有冷揉与热揉之分。冷揉，就是茶叶经过杀青后，先摊凉再揉捻；热揉，则是茶叶经过杀青后，不等摊凉，趁热揉捻。

干燥

干燥，顾名思义，就是蒸发茶叶中的水分，整理茶叶外形，便于其充分发挥茶香。干燥方法通常有烘干、炒干和晒干三种方法。绿茶的干燥顺序通常是先烘干，再炒干。

揉捻后的茶叶中的水分仍然很高，如果直接进入炒干工序，茶叶就会在炒干机的锅里结成团块，茶汁也会黏结在锅壁上。因此，需要烘干这一步骤，使其含水量降低到符合锅炒的要求。

二、白茶：轻微发酵的香茶

民国时期，曾有文人这样称赞白茶："闻道郑渔仲，品泉兰水涯，可曾到此洞，一试绿雪芽。"绿色的茶叶，如何能够产生出独特的白茶？这其实完全出自制茶人灵巧的构思和精细的制作。

白茶的制作工艺可以说是中国六大茶品中最为自然的。仅需将采集的新鲜茶叶薄薄地铺在竹席上，放在微弱的阳光下或通风透光效果较好的室内即可。在这种条件下，白茶会自然萎凋，待其晾晒到七八成干时，再使用文火缓缓烘干即可。

由于制作过程简单，白茶的加工时间最短，也不会破坏酶的活性，不会促进氧化作用，在最大程度上保持了白茶的清香，让茶汤更加自然鲜爽。

采摘

根据气温进行白茶采摘，能让玉白色一芽一叶初展鲜叶。采茶人为了保证白茶的品质，在采茶过程中要做到早采、嫩采、勤采、净采。选择白茶时，要重点选择芽叶成朵、大小均匀的茶叶。采茶时，要注意留柄要短、轻采轻放，运输时需用竹篓盛装贮运。

萎凋

采摘鲜叶后，制茶人需用竹匾及时摊放。摊放过程中，要让茶叶的厚度均匀，且能翻动。摊青后，再根据当时的气候条件与鲜叶等级，灵活选用"室内自然萎凋""复式萎凋"或"加温萎凋"等技术。当茶叶七八成干时，"室内自然萎凋"与"复式萎凋"都需要并筛。

烘干

烘干共分三部分，即初烘、摊凉和复烘。初烘：将烘干机温度调到100℃~120℃，时间设置为10分钟。摊凉：时间为15分钟。复烘：将烘干机温度调到80℃~90℃，低温长烘在70℃左右。

保存

白茶的干茶需将含水量控制在5%之内，然后置入冰库，将温度调到 1℃~5℃。从冰库取出后的茶叶，3 小时后再打开，然后进行包装。

白茶的制作工艺简单，贮存方法也十分容易，归纳起来就八个字：通风、透气、防晒、防潮。白茶忌潮，忌高温、强光，因此，白茶应置于阴凉处，适当通风。

三、黄茶：轻发酵的汤茶

黄茶与绿茶同出一源，只是在加工中略有不同。黄茶的出现是因为制茶人在做绿茶时略有失误，没想到这个幸运的意外却成就了黄茶"黄汤黄叶"的独特风味。那么，黄茶与绿茶到底有着怎样的不同呢？

黄茶的品质特点为"黄汤黄叶"，制作方法中最明显的特点就是闷黄过程。制茶人利用高温杀青的手法，破坏茶中酶成分的活性，再用湿热作用引起多酚物质的氧化作用，产生一些有色物质。这时，变色程度较轻的形成了黄茶，变色程度重的则形成了黑茶。

黄茶的加工方法与绿茶相近，其具体制作过程分为：鲜叶杀青、揉捻、闷黄、干燥四大工序。黄茶的杀青、揉捻、干燥等工序都与绿茶的制法极为相似，唯一有区别的地方就在于闷黄工序，这也是形成黄茶特点的关键。黄茶的具体制作工艺如下：

杀青

黄茶通过杀青，以破坏黄茶中酶成分的活性，使一部分水分蒸发出去。人们通过高温手法，制止多酚类物质的氧化，因此茶的叶子不会变红。与此同时，鲜叶内的部分水分得以蒸发，使茶叶变得柔软，为之后的揉捻成形创造条件。经过杀青的黄茶散发青草香气，此工序对黄茶香味的形成起着重要作用。

揉捻

黄茶的揉捻和绿茶相似，但又不是必需的工艺，至今一些地区依然保留着黄茶不揉捻的传统，而这样制作出的黄茶，往往也具有别样的风味。

闷黄

闷黄是黄茶制造工艺中最明显的特点，也是形成黄茶"黄汤黄叶"的关键工序。从杀青到干燥结束，都是在为黄茶茶叶的变黄创造湿热的条件。但不同制茶人的制茶工序有所不同，有些制茶人选择在杀青后进行闷黄，有些则在毛火后闷黄，有些则将闷黄和杀青交替进行。

针对不同品质的茶叶，闷黄的方法也不尽相同，但殊途同归，所有的工艺都是为了让黄茶形成更好的"黄汤黄叶"的品质特征。

闷黄的主要做法是，把杀青和揉捻后的茶叶用纸包好，然后堆积放置，在最上方用湿布盖之，放置时间在几十分钟到几个小时不等。这个过程是为了促使黄茶茶坯在水热作用下进行非酶性的自动氧化，从而形成黄色。茶叶的含水量和叶温都是影响闷黄的主要因素。如果含水量多，叶温就会升高，黄茶在湿热条件下的黄变过程也更快。

干燥

黄茶的干燥工序通常分几次进行，温度也比其他茶类更低。黄芽茶的原料细嫩，是采摘单芽或一芽一叶进行加工的，其茶品主要包括湖南岳阳洞庭湖君山的"君山银针"、四川雅安及名山一带的"蒙顶黄芽"以及安徽霍山的"霍山黄芽"等。

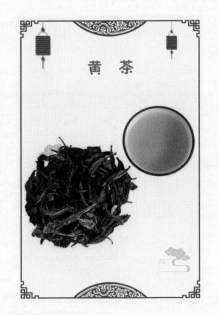

黄小茶需采摘细嫩芽叶加工而成，其主要茶品包括湖北远安的"远安鹿苑"、浙江温

州平阳一带的"平阳黄汤"、湖南岳阳的"北港毛尖"和宁乡的"沩山毛尖"等。

黄大茶需采摘一芽二三叶，甚至一芽四五叶的鲜叶制作而成，其主要茶品包括安徽霍山的"霍山黄大茶"，广东韶关、肇庆、湛江等地的"广东大叶青"等。

四、乌龙茶：半发酵的风味茶

香气浓郁，入口甘甜，这是人们对于乌龙茶中佼佼者的评价。作为安溪一地的地方特产，乌龙茶能够在数百年间由福建一隅发展到全世界追捧，自然是有其独到之处的，而别样的香气和口感，便是乌龙茶制胜的法宝之一。

乌龙茶产地气候较为温和，且雨量充沛，使得茶树生长周期长。乌龙茶每年可以采四到五季，即春茶、夏茶、暑茶、秋茶和冬片。具体采摘期也因乌龙茶品种、地区气候、海拔高度、施肥条件等不同而略有差异。

乌龙茶的采摘标准为叶梢比红茶、绿茶成熟，具体标准为：等茶树的新梢长到3到5叶将要成熟，顶叶六七成开面时采下2到4叶，俗称"开面采"。

乌龙茶的制作程序有晾青、摇青、杀青、包揉、揉捻、烘焙六道工艺。乌龙茶因做青方式的不同，具体分为"跳动做青""摇动做青""做手做青"三个小类。

乌龙茶制作的重点、难点主要体现在烘焙技术和技术要素上。

烘焙技术

在乌龙茶的制作过程中，最重要的事情之一就是降低茶叶的含水量。茶叶需要把含水量保持在 4%~6% 之间，以防止茶叶贮存期品质发生劣变，出现陈茶的味道。降低含水量可延长乌龙茶的贮藏寿命、增进茶香、提高茶叶品质，同时还有杀菌、降低农残等作用。

脱水糖化作用（即熟化作用）、异构化作用、氧化作用及后熟作用都是烘焙中常用的技术。其中，后熟作用与茶叶质量的好坏有着密切关系。

技术要素

①含水量：乌龙茶在烘焙时，主要工作是将茶叶含水量降低到安全范围，以延缓茶叶的后氧化作用，延长茶叶贮藏寿命。当乌龙茶茶叶的水分达到 8.8% 时，就会有霉菌出现；当茶叶的水分超过 12% 时，乌龙茶就会逐渐

乌龙茶

变质。

②原料老嫩度：烘焙不同的茶叶，需要不同的温度。当烘焙较粗老的茶叶时，需要85℃~90℃的中温烘焙，烘焙时间视茶叶需求而定，一般在4~10小时。在此温度、时间下烘焙的茶叶，才能确保茶汤滋味甘醇不苦涩，保留乌龙茶原有的香气。

③形状紧纬度：外形紧结的茶叶需采用85℃~90℃的中低温进行长时间烘焙，这是因为外形紧实的茶叶更耐烘焙。反之，外形松散的茶叶则需采用100℃的中温进行快速烘焙。

④香气：香味是乌龙茶的主要灵魂之一。茶叶的香气具有挥发性质，在烘焙的过程中，乌龙茶的香味成分容易挥发消失。因此，清香型的乌龙茶应选择低温短时烘焙，而浓香型的茶叶则需采用较高温度和较长时间烘焙。

⑤滋味：乌龙茶味道甘醇，若使用高温烘焙，则会让茶叶带有熟味和火味，从而降低茶叶的品质。

⑥火候的把握：对火候的使用程度，实际上就是乌龙茶内部产生热物理化学变化的程度。火候不但能影响茶叶的外形色泽，也能影响叶底和汤色等。火候的掌握能够弥补乌龙茶品质的不足，当烘焙特殊品种的茶叶时，火候还能起到衬托香味的作用。俗话说"茶为君，火为臣，君臣

佐使",就是这个道理了。

　　需要注意的是,茶叶的品种不一样,耐火的程度也不尽相同。如铁观音、大叶乌龙、梅占等茶就比较耐火,但黄旦、奇兰等香气外露的茶品则对火很敏感。

五、红茶：全发酵的流行茶

中国人喝绿茶多，但如果放眼全世界，最受欢迎的茶品却是红茶。红茶与绿茶各有所长，加工工艺不同，风味也自然迥异，好喝绿茶的人喜爱绿茶的淡雅，而喜欢红茶的人则多爱红茶的醇厚。那么，红茶这种醇厚是从何而来呢？

红茶，属于全发酵茶。红茶需使用适宜的嫩芽为原料，经过萎凋、揉捻（切）、发酵、干燥等一系列工艺，才能精制成我们见到的红茶。初制时，红茶被称作"乌茶"，因其冲泡后，茶汤与叶底的颜色呈乌色而得名。红茶被称为"乌茶"的原因还与红茶的萎凋工艺有关。萎凋工艺，是红茶初制的重要工艺，经过萎凋后的红茶，才能进行接下来的种种制作步骤，其具体制作流程如下：

萎凋

萎凋分为"室内加温萎凋"及"室外日光萎凋"两种形式。萎凋的程度要求以茶之叶尖失去光泽，茶叶质感柔软、梗折不断，茶叶脉呈透明状态为准。

揉捻

20世纪50年代之前，人们还在使用双脚揉茶。之后，随着铁木结构双桷（jué）水力揉捻茶机的出现，人们才解放了双脚。到了20世纪60年代，揉捻这道工序又被改进，铁制55型电动揉捻机的出现让制茶效率大幅提高。揉捻的要求以茶汁外流、叶卷成条为准。

发酵

发酵又被制茶人戏称为"发汗"。发酵是红茶制作工序中最为重要的环节之一。具体做法是将揉捻好的茶坯装进篮子，稍加压紧后，将用温水浸过的发酵布盖在上方，以此增加发酵叶的温度与湿度，促进酵素活动，同时缩短发酵时间。

通常情况下，叶脉在5~6个小时后会呈现红褐色，然后即可上焙烘干。发酵的目的就是让茶

叶中的多酚类物质能在酶的促进下发生氧化作用，让绿色的茶坯红变。

发酵是一道关键工序，有助于形成红茶特有的色、香、味品质。如今，发酵工序通常在发酵框或发酵车里进行，对温度、湿度和氧气量都有严格把控。

烘焙

将发酵适度的茶叶均匀地铺放在水筛上，每筛铺放的茶叶大约为 2~2.5 公斤。将水筛放在吊架上，用湿的纯松柴烘焙。因此，小种红茶具有一种独特的纯松烟香气。刚上焙时，需要用较高的火温，一般在 80℃左右。用高温火制的原因主要是让酵素停止作用，防止叶底暗而不展。

烘焙时，红茶通常采用一次干燥法。如果翻动红茶，则会让其干度不均匀，甚至出现外干内湿的情况，影响红茶的品质。一般来说，6 小时即可下焙，具体时间要看火力大小而定。通常情况下，需焙到触手有刺感，然后将其研制成粉，待干度达到后再进行摊凉。

复焙

由于茶叶本身极易吸收水分，因此红茶在出售前必须进行复火烘焙，这样才能保留其内质，让茶叶的含水量不超过 8%。

六、黑茶：后发酵的别样茶

泡一杯浓郁的黑茶，一杯入口，体会那种醇厚顺滑的柔和口感，在体会茶香的同时，也会给人一种别样的情调，仿佛体味沉淀之后的人生一样，让人沉静。那么，黑茶是怎么制造出来的？又有着怎样的特点呢？

黑茶的基本工艺流程是杀青、初揉、渥堆、复揉、烘焙和自然晾置。由于其原料普遍较粗老，因此，黑茶的制造过程很长，堆积发酵的时间也很长。黑茶的叶色成油黑或黑褐色，蒙古族和维吾尔族等少数民族是黑茶的主要饮用者，黑茶也是他们的日常生活必需品。因此，在边疆民族中又有"宁可三日无食，不可一日无茶"之说。

黑毛茶是压制各种紧压茶的主要原料，其制作流程如下：

杀青

杀青方法分手工杀青和机械杀青两种。由于黑茶原料比较粗老，为避免黑茶的水分不足、杀青难以匀透，除雨水叶、露水叶和幼嫩芽叶外，黑茶普遍要按照10:1的比例进行洒水，即每10公斤鲜叶用1公斤清水。洒水时要注意均匀，才能让黑茶的杀青均匀杀透。

初揉

因为黑茶的原料较为粗老，在揉捻时，要遵守"轻压、短时、慢揉"的原则。初揉时，揉捻机的转速需设置为每分钟40转，揉捻时间在15分钟左右最佳，具体需以揉捻机的不同而设定。等到黑茶的嫩叶成条，粗老叶成皱叠时即算完成。

渥堆

渥堆是让黑茶色香味形成的关键工序。黑茶的渥堆需要适宜的条件，其过程要在背窗、洁净的地面上进行，以免受到阳光的直射。渥堆的室温要在25℃以上，且湿度要保证在85%左右。

初揉后的茶坯不必解块，需要立刻堆积起来，每堆高约1

黑茶

米左右，在上面用湿布、蓑衣等物盖住，以保持温度和湿度。在渥堆的过程中要进行一次翻堆，以求渥堆均匀。

堆积 24 小时左右后，茶坯的表面会出现水珠，茶叶颜色也会从暗绿色变成黄褐色，同时带有酒糟气味或酸辣气味。此时，将手伸进茶堆会明显感觉发热。等到茶团黏性变小、一打就会散开时，渥堆便完成了。

复揉

将渥堆适度的黑茶茶坯解块后，上揉捻机复揉。此时，注意压力要比初揉时稍小，时间通常为 6~8 分钟。下机后，需要及时烘焙干燥。

烘焙

烘焙是黑茶初制时的最后一道工序。通过烘焙，能让黑茶形成一种特有的品质，即色泽油黑与有松烟香味。烘焙方法通常采用松柴旺火烘焙，无需避忌烟味。黑茶需要分层累加湿坯和长时间的干燥，这也是黑茶和其他茶类不同的地方。

自然晾置

自然晾置干燥法为传统干燥工艺，将茶叶踩压成包，压制成黑砖后，放置在阴凉通风的地方晾干，经过 10~15 天的时间，即可完成晾置过程。千两茶和百两茶等，则需日晒夜露 49 天，才能让茶叶缓慢干燥。

七、花茶：再加工的特色茶

熟悉典故的读者可能知道，老北京城平民最喜欢的茶不是绿茶、红茶，而是能够散发出浓香的花茶，尤其是茉莉花茶，更是老北京人的最爱。那股淡淡的茶香，使人倍感亲切。相对于茶树产茶，花茶更多的是一种茶概念的外延，是人们对于茶这个概念的再创造。

花茶，又名香片，是把植物的花、叶或果实经过制作而泡制的茶，也是中国特有的一种再加工茶。花茶是利用茶叶可吸收异味的特点，把带有香味的鲜花与茶叶一起闷制，待茶叶将香味吸收后，再把干花筛除。

这样制作的花茶，香味浓郁、茶汤清澈。为了增加花香气息的浓度，高档的茶坯在制作过程中还需再窨2~3次，且每次窨制工艺都基本相同，只是使用的花量、温度、时间与水分含量等稍有不同。其具体制作方式如下：

窖花

窖（音同"熏"），指的是茶坯与鲜花均匀拌和堆放的工序，又称为"窖花拼和"。经过窖花拼和的工艺处理，即可将花茶制作成功。只进行一次的叫一窖花茶、单窖次花茶。有时，为了提高茶叶的花香浓度，还需要再复窖一次，称为二窖花茶或双窖花茶。一些特种的茉莉花茶还需要进行反复窖花。

提花

在窖花完成的基础上，需要再使用少量的鲜花复窖一次。出花后，不需要复火，摊凉后就可以匀堆装箱，此过程被称作提花。提花的目的是提高茶叶的香气鲜灵度。因此，提花所使用的鲜花通常是晴天采摘的优质花。

压花

在特等茉莉花茶窖花或提花后，剩余的花渣还有余香，这些花渣能够再次利用，放置在中低档茶坯中熏香，此过程被称作压花。压花可以去除中低档茶叶的粗老陈味。重压花指的是增加花渣的用量，适当延长压花时间，也能去除中低档茶叶中的陈味、烟味和青涩味等。

实践证明，轻压花可较少地消除异味，重压花可较多地消除异味，其除味作用是显著的。压花工艺的过程与鲜花窨花的过程相似，压花之后剩余的花又被称作花渣。这些花渣需要另行处理，若处理得当，甚至可以再重复利用一次。

打底

在窨花或提花的过程中，可以配上少量第二种鲜花一起窨制，这个过程被称作打底。打底的目的主要是调和香型，衬托主要的花香，一般制造优质花茶时都会用到打底工艺。

在窨制工艺中，尤其需要注意两种香花的搭配情况，这样才能让主导花香有更加鲜浓幽雅之感。比如在窨制茉莉花茶时，可以同时使用白兰花，然后分批次地用于窨花和提花过程。事实证明，使用白兰花的浓郁香味，可以更好地衬托茉莉花的清香芬芳。除了白兰花外，珠兰花或袖子花等也经常被用于打底工艺。

打底鲜花要注意的不仅仅是与主导花香的协调性，同时也要注意控制打底鲜花的数量以及使用方法。比如窨制茉莉花茶时，可以使用白兰花打底，但使用较多数量的白兰花就会让其香气渗透在茶坯中，俗称"透底"或"透兰"，会影响到茉莉花茶的香味，也会降低其身价，不受市场欢迎。因此，三级以上的茉莉花茶在使用白兰花打底时，都要控制数量。

第四章

茶的历史
名人典故

一、传奇"茶圣"陆羽

如果说起谁是中国茶史第一人，那恐怕就非"茶圣"陆羽莫属了。这个一千多年前的唐代文人，为我们留下了研究茶学的瑰宝《茶经》。那么，陆羽和《茶经》又有怎样的故事呢？

"月色寒潮入剡溪，青猿叫断绿林西。昔人已逐东流去，空见年年江草齐。"这是《全唐诗》中所收录的陆羽诗句。陆羽以"茶圣"留名青史，而奠定其茶圣地位的就是中国无人不知的《茶经》。

《茶经》并未在陆羽生前引发轰动，反而在陆羽身故后才作为中国乃至世界上现存最早、保存最完整、介绍最全面的第一部茶百科专著广为流传。然而也正是陆羽这部《茶经》，才让我们将普通的茶事升级为艺术的茶道。

陆羽，字鸿渐，唐代复州竟陵（今湖北天门市）人，号"茶山御史"。陆羽精通茶道，一生嗜茶，在茶文化领域有着极高的造诣，在生前被人冠以"茶仙"的美称，陆羽身故后，茶人们又将其地位推崇至"茶圣"，再无后来人能逾越。

21 岁时，陆羽决心写一部专门研究茶的经典——《茶经》，于是他开始了自己的游历。他从义阳、襄阳走到南漳，最远深入过四川巫山深处。陆羽每到一处，就立刻与当地村民讨论茶事，同时将所得茶叶做成各种标本，并写下途中的所见所闻，也就是大量的"茶记"。

经过十多年的时间，陆羽已经考察了大唐 32 个州。最后在苕溪（今浙江湖州）隐居，开始着笔创作《茶经》，一写就是五年。五年后，《茶经》初稿写就，他又花费了五年时间增补修订，这才完稿。这一年，陆羽已经 47 岁。也就是说，他足足用了 26 年才完成我们今天看到的这部《茶经》。

《茶经》共分三卷十章，有七千余字。其具体为：卷上，一之源，二之具，三之造；卷中，四之器；卷下，五之煮，六之饮，七之事，八之出，九之略，十之图。《茶经》不仅是陆羽的心得，更是唐代和唐代以前有关茶方面的知识与实践经验的总结。

其中，"一之源"主要讲述了茶之起源、名称、功效、形状、品质；"二之具"主要讲述了采茶、制茶的用具，如采茶使用的篮子、蒸茶使用的茶灶、烘焙茶叶使用的茶棚等；"三之造"主要讲述了茶的种类以及各种茶品的制作方法。

"四之器"主要讲述了如何煮茶以及品茶的器具都是什么，陆羽在这一章介绍了24种饮茶用具，如茶碗、茶釜、风炉、木碾、纸囊等；"五之煮"主要讲述了烹茶的方法以及各地区泡茶之水的品质排序；"六之饮"主要讲述了饮茶的习俗以及唐之前的饮茶史；"七之事"叙述古今有关茶的故事、产地和药效等。

陆羽烹茶图（局部）

"八之出"主要讲述了唐代时期全国茶区的分布，分别为：山南（荆州之南）、浙南、浙西、剑南、浙东、黔中、江西和岭南，并详细解读了各地区茶叶的优劣；"九之略"主要讲述了采茶与制茶的用具，能够按照具体环境稍作省略；"十之图"用素色绢绸四幅或六幅，将《茶经》所述各项分别写在上面，这样可以对茶的起源、制茶工具等一目了然。

《茶经》写就后，陆羽虽未像现在这样出名，但毕竟还是声名远播，甚至传到了朝廷。朝廷爱惜陆羽之才，想让他进京为官，但陆羽本就淡泊名利，于是陈辞不就。《全唐诗》还收录了陆羽的另一首诗，正体现了他淡泊名利的品质："不羡黄金罍，不羡白玉杯；不羡朝入省，不羡暮入台；千羡万羡西江水，曾向竟陵城下来。"

陆羽一生不事权贵，淡泊名利，酷爱茶饮，为人正直。自《茶经》之后，中国茶事逐渐发展为一门文化，一系列茶道作品也接连问世。

饮茶思源，陆羽之《茶经》，正是古代茶人潜心求索、百折不挠精神的结晶。正因如此，茶也被看作是中国古代四大发明之后对人类的第五个重大贡献。

二、"七碗茶诗"留青名的卢仝

在茶的历史上，还有一位非常著名的唐代茶人，其对茶的研究其实并不次于"茶圣"陆羽，只不过在历史中一直被陆羽的光辉所掩盖，因此不为太多人知晓，这个人就是唐代著名茶人、诗人、被称为"茶仙"的卢仝。

卢仝（音"铜"），自号"玉川子"，是唐代著名诗人，也是初唐四杰之一卢照邻的嫡系子孙。卢仝年少聪颖，却不愿走仕途，还未满 20 岁就早早隐居于少室山，后来又迁居洛阳。隐居时，卢仝纵情于茶，当时虽然只有几间破屋，屋内却堆满了书籍，生活清苦，也请不起多少仆人，只有"一奴长须不裹头，一婢赤脚老而无齿"。大多时候，卢仝只能靠邻僧赠米过活。他喜好读书，可以说经史子集无一不通，且工诗精文，令人赞赏。但卢全不擅长与人交际，后人评价他"狷介类孟郊，雄豪之气近韩愈"，但唯独嗜好饮茶，尤其是对于同样好茶的朋友，则往往会倾心交往。

卢仝对茶的喜爱，后来慢慢发展成了一种癖好，加上其浪漫独特的"卢仝体"，让其所作的《走笔谢孟谏议寄新茶》诗传唱千年不衰。其中，以"七碗茶诗"最为脍炙人口：

日高丈五睡正浓，军将打门惊周公。

口云谏议送书信，白绢斜封三道印。

开缄宛见谏议面，手阅月团三百片。

闻道新年入山里，蛰虫惊动春风起。

天子须尝阳羡茶，百草不敢先开花。

仁风暗结珠琲瓃，先春抽出黄金芽。

摘鲜焙芳旋封裹，至精至好且不奢。

至尊之余合王公，何事便到山人家。

柴门反关无俗客，纱帽笼头自煎吃。

碧云引风吹不断，白花浮光凝碗面。

一碗喉吻润，两碗破孤闷。

三碗搜枯肠，唯有文字五千卷。

四碗发轻汗，平生不平事，尽向毛孔散。

五碗肌骨清，六碗通仙灵。

七碗吃不得也，唯觉两腋习习清风生。

蓬莱山，在何处？玉川子，乘此清风欲归去。

山上群仙司下土，地位清高隔风雨。

安得知百万亿苍生命，堕在巅崖受辛苦！

便为谏议问苍生，到头还得苏息否？

"七碗茶诗"是《走笔谢孟谏议寄新茶》里的第三部分，也是全诗最为精彩的部分，因为它将饮茶的美妙感觉尽皆铺于纸上：第一碗，让喉咙和嘴湿润；第二碗，可以帮人赶走烦闷孤单；第三碗，开始反复思量自己；第四碗，一些让自己不开心的事情，都能随着毛孔舒散出去；第五碗，会让肌肤骨骼清灵；第六碗，仿佛与仙灵神交；喝到第七碗时，只感到腋下生风，仿佛马上就要乘风去往人间仙境蓬莱山一般。

可见，对卢仝来说，一杯能让人润喉忘忧、神清气爽的清茶，足以在精神上助人羽化成仙。对卢仝来说，茶不只能满足口腹之欲，还能令人忘却世俗，抛开名利，这是一种何等广阔的精神世界。

卢仝对茶饮的审美，在这首《走笔谢孟谏议寄新茶》中表现得淋漓尽致。这首茶诗写出了品饮新茶给人的美妙意境，被广为传颂。卢仝的七碗茶歌，在日本已经演变成"喉吻润、破孤闷、搜枯肠、发轻汗、肌骨清、通仙灵、清风生"的日本茶道，因此卢仝在日本久负盛名。日本人对卢仝可谓尊敬有加，十分推崇。在日本茶道中，卢仝甚至与陆羽相提并论。

三、中国茶道之父皎然

中国茶道始于隋唐，是在民间慢慢自发形成的，因此不能说某人创立了中国茶道，但如果说起中国茶道最具有代表性的开创人物，还是确有其人的。那么这个人是谁呢？相信很多人都会以为是陆羽，因为陆羽有太多的光环。然而，这个人却不是陆羽，而是唐代茶僧皎然。

皎然，俗姓谢，字清昼，是南朝谢灵运的十世孙。在盛唐与中唐交替之际，皎然在妙喜寺中修行，除了在茶学方面有重要贡献外，其诗作也令人颇为赞赏。皎然在自然观、复变观、道观与文学观方面造诣颇深。因此，其诗作在中国文学史上也有着非常重要的地位。

皎然既是在文学方面造诣颇深的诗僧，又是中国茶学史上举足轻重的茶学家。皎然十分爱茶，同其他茶僧一样，他在顾渚山开辟了一块茶园，精于茶事。

在他的诗《顾渚行寄裴方舟》中，皎然这样写道：

我有云泉邻渚山，山中茶事颇相关。鹡鸰鸣时芳草死，山家渐欲收茶子。伯劳飞日芳草滋，山僧又是采茶时。由来惯采无近远，阴岭长兮阳崖浅。大寒山下叶未生，小寒山中叶初卷。吴婉携笼上翠微，蒙蒙香刺胃春衣。迷山乍被落花乱，度水时惊啼鸟飞。家园不远乘露摘，归时露彩犹滴沥。初看怕出欺玉英，更取煎来胜金液。昨夜西峰雨色过，朝寻新茗复如何。女宫露涩青芽老，尧市人稀紫笋多。紫笋青芽谁得识，日暮采之长太息。清泠真人待子元，贮此芳香思何极。

在这一诗作中，皎然曾两次提到"紫笋"，而陆羽《茶经》中的"紫者上，绿者次；笋者上，牙者次"，也可以说是和皎然之诗异曲同工。

此外，文化史上，学界公认"茶道"一词由皎然首次提出。皎然曾作《饮茶歌诮崔石使君》：

越人遗我剡溪茗，采得金牙爨金鼎。素瓷雪色缥沫香，何似诸仙琼蕊浆。一饮涤昏寐，情来朗爽满天地。再饮清我神，忽如飞雨洒轻尘。三饮便得道，何须苦心破烦恼。此物清高世莫知，世人饮酒多自欺。愁看毕卓瓷间夜，笑向陶潜篱下时。崔侯啜之意不已，狂歌一曲惊人耳。孰知茶道全尔真，唯有丹丘得如此。

　　皎然在诗中"孰知茶道全尔真"所提到的"茶道"，也是中国茶道史上关于"茶道"的最早记录。《饮茶歌诮崔石使君》中，皎然的"饮茶歌"与卢仝的"七碗茶"有异曲同工之妙，不但讲到了茶之功效与用途，还写出了茶在精神方面的意境，可谓是意义深远。

　　"物以类聚，人以群分"，文人雅士会相互吸引，切磋一番。安禄山叛乱，陆羽跟随秦人过江，当他到达长江中下游与淮河流域时，专门到湖州的妙喜寺拜访皎然。二人因茶一见如故，皎然想起曾经拜访陆羽而不得的场景，还作了《访陆处士羽》一诗以表感慨："太湖东西路，吴主古山前。所思不可见，归鸿自翩翩。何山尝春茗，何处弄春泉。莫是沧浪子，悠悠一钓船。"

　　皎然高僧并非只沉醉佛法，还精通道家、茶事与茶理。同陆羽一样，这位释家高僧并不追逐名利，而是位只管修行的实干家。有人说，皎然与陆羽的关系既是对手，又是挚友。他无私地帮助陆羽完成了《茶经》，也在茶之名人史上留下了浓墨重彩的一笔。

　　因此，皎然与陆羽可合称为中国茶道的双璧，皎然为茶道之父，陆羽为茶道之圣；皎然为茶道始祖，陆羽为茶道之神。

四、唯茶最好的欧阳修

陆羽、卢仝、皎然虽然在中国茶史中有着举足轻重的地位，但毕竟都不算是名震青史的头号文人。那么，在中国第一流的大文人中，谁又是爱茶者的代表呢？那恐怕非既好茶又好酒的欧阳修莫属了。

欧阳修，字永叔，号醉翁，是北宋文学家，位列文学史上的唐宋八大家。欧阳修在官场四十年，被放逐流离，最后发出感慨："吾年向老世味薄，所好未衰惟饮茶。"这是他晚年的自述，通过咏茶感叹世路之艰难。

欧阳修用一生的时间，得出了"世事无常，唯茶最好"的结论。虽然他这是借茶抒发不得志的心情，但也直接表明了他喜爱饮茶的癖好，直到年老也未曾改变。欧阳修喜欢茶，也给人们留下了很多咏茶的诗文，还为蔡襄撰写的《茶录》作了后序。

景祐三年（1036年），欧阳修因为支持范仲淹而与宰相吕夷简争执，被朝廷贬到了夷陵（今湖北宜昌）做县令。初到夷陵，欧阳修作了《夷陵县至喜堂记》，内载"夷陵风俗朴野，少盗争，而令之日食有稻与鱼，又有桔柚茶笋四时之味，江山秀美，而邑居缮完，无不可爱"。从此文中可见，欧阳修在年轻时便与茶的缘分不浅。

他喜好饮茶，也对茶品有独到的见解。欧阳修尤其推崇黄庭坚的家乡江西的双井茶，认为双井茶可与杭州西湖的宝云茶以及绍兴日铸岭的日铸茶相媲美。为此，欧阳修专门写下《双井茶》一诗："西江水清江石老，石上生茶如凤爪。穷腊不寒春气早，双井芽生先百草。白毛囊以红碧纱，十斤茶养一两芽。长安富贵五侯家，一啜犹须三日夸。宝云日注非不精，争新弃旧世人情。岂知君子有常德，至宝不随时变易。君不见建溪龙凤团，不改旧时香味色。"双井茶十分细嫩，品质极高，需要"十斤茶养一两芽"，且"一啜犹须三日夸"，可见他对双井茶的喜爱。

彼时，欧阳修与至交好友、现实主义诗人梅尧臣常在一起切磋诗文。两人都喜爱饮茶，尤其爱饮新茶。两人又常共品新茶，《尝新茶呈圣俞》便是欧阳修写给梅尧臣的赞美诗。其诗中"建安三千里，京师三月尝新茶""年穷腊尽春欲动，蛰雷未起驱龙蛇。夜闻击鼓满山谷，千人助叫声喊呀。万木寒痴睡不醒，惟有此树先萌芽"，写的是新茶采摘之早；而"泉甘器洁天色好，坐中拣择客亦嘉"则是欧阳修的品茶心得。

欧阳修还有赞美扬州茶的诗作，《和原父扬州六题——时会堂二首》："积雪犹封蒙顶树，惊雷未发建溪春。中州地暖萌芽早，入贡宜先百物新。忆昔尝修守臣职，先春自探两旗开。谁知白首来辞禁，得与金銮赐一杯。"从此诗中可看出，扬州曾经也出产贡茶，欧阳修还前去查看了茶芽的萌发情况。

欧阳修画像

除此之外，欧阳修还对蔡襄创制的"小龙团"做了一番品评。他曾为蔡襄的《茶录》写下一篇后序，其中有这样一段话："茶为物之至精，而小团又其精者，录序所谓上品龙茶是也。盖自君谟始造而岁供焉。仁宗尤所珍异，虽辅相之臣，未尝辄赐。惟南郊大礼致斋之夕，中书枢密院各四人共赐一饼，宫人翦为龙凤花草贴其上，两府八家分割以归，不敢碾试，相家藏以为宝，时有佳客，出而传玩尔。至嘉祐七年，亲享明堂，斋夕，始人赐一饼，余亦忝预，至今藏之。"

当时，蔡襄创制的小龙团茶"凡二十饼重一斤，其价值金二两，然金可有，而茶不可得"（《归田录》卷二），因此贵重非常。得到小龙团茶之人，通常是十分珍爱、不想破坏茶饼品饮，以至于"手持心爱不欲碾，有类弄印几成凹"，也就是将茶饼表面摸出了凹陷，仍然不舍得碾茶品饮。

在欧阳修看来，品茶一定要注意"茶新、水甘、器洁"这三要素，再加上"天朗"与"客嘉"，成为饮茶五美，这才能达到"真物有真赏"的境界。

《大明水记》是欧阳修为茶水论而写的专文。他认为，唐代张又新所撰的《煎茶水记》不足为信，还是陆羽的《茶经》更有理。因此，他又有"羽之论水，恶渟浸而喜泉流，故井取多汲者，江虽云流，然众水杂聚，故次于山水，唯此说近物理云"之句。

第二部分
酒文化：一曲流觞琥珀光

第五章
酒史溯源

一、酒之起源与传说

酒是我们日常的主要饮品之一。我国制酒历史源远流长，在几千年的文明史中，酒早已渗透到中国人生活的各个方面，从政治到教育到娱乐，从文学艺术创作到饮食烹饪、养生保健，堪称中国人文化、道德、思想的综合载体。

中国是世界上酿酒最早的国家之一，酒的酿造，在中国已有数千年的历史。关于中国酒的起源，晋代文人江统在其著作《酒诰》中说："酒之所兴，肇自上皇；或云仪狄，一曰杜康。有饭不尽，委以空桑，郁积成味，久蓄气芳，本出于此，不由奇方。"这段话的意

明代仇英《煮酒图》

思是说，酒自上皇时代就有了，有人说是仪狄发明的，也有人说是杜康发明的，是剩饭倒在桑树林中，粮食郁积久存后变味形成的。

江统认为酒的兴起，源自上皇时代，上皇就是远古神话中的第四代帝王炎帝神农氏。《山海经》中有段记载："鼓钟之山，帝台之所以觞百神也。""觞百神"就是指神农氏设宴款待百神饮酒，这是关于酒的最早史料。

《山海经》中还记载炎帝身居明水，也就是现在的九皋山烟云涧，这里的水晶莹碧透、甘冽清香，富含人体必需的多种微量元素，是酿酒的上品。此外，还有一些考古发现及史料记载也证明，神农氏时期人们已经开始酿酒。

而仪狄、杜康发明酒的说法，也被很多人推崇。

《博物志》言，仪狄，禹时人。仪狄是夏禹的一个属下，时间上晚于上皇时代，《世本》中有"仪狄始作酒醪"的说法。汉代刘向《战国策·魏策二》也有记载称："昔者，帝女令仪狄作酒而美，进之禹，禹饮而甘之，

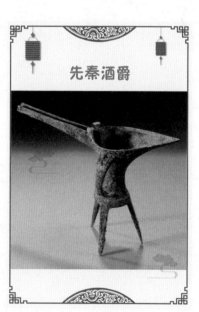

先秦酒爵

遂疏仪狄，绝旨酒，曰：'后世必有以酒亡其国者。'"

至于杜康，名声更胜于仪狄。杜康，相传是夏朝的第五代君主少康，也有说是周王朝或汉代的酒泉太守，现在学术界的一般看法是，杜康可能是周秦之间的一个酿酒师。

东汉许慎《说文解字》云："古者少康初作箕帚、秫酒。少康，杜康也。"宋人张表臣在《珊瑚钩诗话》中说："中古之时，未知曲蘖，杜康肇造，爰作酒醴，可为酒后，秫酒名也。"古籍上关于杜康发明酒的传说多有记载，再加上杜康酒被历代文人骚客饮用传唱，杜康发明酒的说法也愈加深入人心，杜康也因此被称为中国的酒祖。

根据古人的记载，杜康发明酒也相当偶然。据说有一次，杜康把剩饭放在空桑（古代中国传说中地名）之中忘记了，时间一长，剩饭散发出了一种芬芳的气味，还流出一种液体，杜康取而饮之，感觉其味甘美，便受此启发，发明了酒。

事实上，酒的产生并不是一蹴而就的，而是经历了相当长的历史，是中华先民集体智慧的结晶。原始社会时期，人们采集的野果在经过长期的储存后发霉形成了酒的气味，人们发现这种发霉的果子流出的液体很美味后，就开始尝试主动酿酒。但那时的酒，跟现在是有很大不同的。远古时期的酒是未经过滤的酒醪，呈糊状和半流质，是用来食用而非饮用的。

随着时间的推移，有一些精于酿酒的人出现，比如仪狄、杜康等，在他们的努力下，酿酒技术得以提升，原始酒被极大地改良，逐渐变成了液体的酒。

二、先秦：酒文化的奠基

酒出现后，芳香甘冽的味道马上就俘获了人们的嗅觉和味觉，成为人们最喜爱的饮品之一。先秦时期，人们对于酒的饮用是极为广泛和讲究的，也因此形成了一系列独具特色的酒文化。

经历过蛮荒的原始社会，华夏文明初具雏形。先秦时期是中华文明形成的最初阶段，后世很多的文明成果都是在先秦文化的基础上发展起来的，酒文化就是其中之一。

夏朝距今年代久远，很多史实已经无从考证，但根据出土的一批青铜酒器——河南偃师二里头文化遗址的青铜爵可以肯定，酒在当时已经是君王贵族的日常饮品。

到了商代，统治阶层对于酒的喜爱更甚，《史记·殷本纪》就记载纣王"以酒为池，以肉为林""为长夜之饮"。商朝人爱喝酒是出了名的，不仅有《史记》中的记载为证，更有大量酒器验实。不过对于处于奴隶制鼎盛时期的商朝而言，普通百姓想斟上几杯美酒并非易事，上流社会在酒消费上占据着绝对地位。

商代酿酒技术较之前有了很大进步，《商书》记载道："若作酒醴，尔惟曲蘖（niè）。"表明在殷商时期，人们已经懂得用谷物发霉制曲酿酒，以麦芽、谷芽制蘖酿醴。他们当时掌握的并不是酿制白酒的技术，而是用粮食酿的米酒和水果酿的甜酒，酒精浓度比较低，因此可以喝得酣畅淋漓还能纵情歌唱。

不同于殷商贵族对于酒的"无节制"饮用，周天子在饮酒这件事上可谓如履薄冰。那个时期古人对于酒的发明更倾向于仪狄说，也正因此，大禹关于酒的评价也为人们所信服。大禹认为酒会导致亡国，一些高人、圣明的君主，便将饮酒和统治者的德行相联系，认为饮酒确实会导致统治者昏庸、会亡国、会产生祸患，他们认为商纣的暴政以至亡国就是源于他的嗜酒无度。

周天子为了避免重蹈商纣覆辙，就以《酒诰》下令，出台了一系列与酒有关的戒律，提出饮酒应当节制，并规定把酒作为祭祀用品。

尽管那些清规戒律并没有很好地得到执行，但也起到了震慑作用，酒的祭祀和宴请功能得到巩固，于是带有道德规范目的的酒礼、酒俗开始逐渐兴起，成为这一时期酒文化的重要特征。

春秋战国时期，冶铁技术有了很大提升，铁制农具开始广泛使用，耕地面积增加，用于祭祀的牛也开始被用于农耕，各地区还兴修水利，百姓们的生产积极性被极大地调动起来，这些都为酒的进一步发展提供了物质基础。

酒行业兴盛加之西周名存实亡的禁酒令，使得酒从天子贵族的桌上走向市场，走进了寻常百姓的家中，从而掀起了一场浓郁的饮酒之风。在当时，民间的饮酒已经成为公开行为，各国与酒有关的故事也频频发生。但是因为没有统一的行业标准，酿出的酒往往优劣混杂、良莠不齐。

总体来说，夏商周三代重视的是酒的祭祀功能，祭先祖、祭鬼神、祭天地万物，其中以周代的祭祀礼仪最为隆重繁复。春秋战国时期，人们逐渐冲破了周王朝的礼制约束，将饮酒转变成了一种更为随意轻松的日常活动。

在先秦这绵延 1800 余年的时间里，酒逐渐从贵族的专属品变为寻常百姓的日常饮品，成为人们社交沟通不可或缺的桥梁。

三、秦汉：酒文化的发展

随着大一统局面的形成，秦朝经济发展迅速，酿酒业也就更加兴旺起来。自秦汉到魏晋，在社会背景、政治、思想、文化、风俗习惯等各方面都不断变化的情况下，酒也就被赋予了越来越丰富的内涵。

秦汉时期，全国的酿酒业得到了大力发展，酒类产品不断增多，四方名品层出不穷，酒渗入到社会的各个层面，人们常常通过饮酒聚会彼此交流、释放情感，饮酒风气日益高涨。相传，秦国的军队出战前必大量饮酒，军队的战斗力和酒密切相关。

与此同时，酒可导致灾祸的思想在这一时期也格外深入人心，尤其对于统治阶层来说，是一种极为重要的警示，陈胜吴广的大泽乡起义就是将军校尉灌醉后揭竿而起。由此，秦汉年间便出现了"酒政文化"，统治者站在政治的角度，屡次禁酒，提倡戒酒。

两汉时期，人们对于酒的认识进一步拓宽，酒的用途也被扩大，开始以酒入药。东汉名医张仲景用酒治病的水平就非常高。此外，饮酒逐渐与各种节日联系起来，形成了独具特色的饮酒日，酒曲的种类大大增加。

汉代酿酒极力关注制曲，期望通过技术改进提高酒的度数，让口感更加强烈，但无奈由于能力水平的局限，始终未能达到。《汉书》中有记载，当时的人能"饮酒一石"。一石折合成今天的计量单位，大约是 20 千克，若不是酒的度数低，这个数字是说不通的。

东汉末年分三国，酒行业也再次进入了快速发展时期，从技术、原料到种类，都有很大进步。三国时期酒风比秦汉更甚，很多人嗜酒如命。对此，历史学家陶元珍先生曾这样评价："三国时饮酒之风颇盛，南荆有三雅之爵，河朔有避暑之饮。"

如此剽悍的酒风也与酒的情感内涵有着极大的联系。秦末，刘邦宴饮之间的一曲《大风歌》，于酒后抒发了内心的凄苦与无奈，自此酒与情开始交融，且越来越频繁地出现在文学作品中。至汉代，在悲情之外，酒也带来了欢喜。

当一代名将霍去病将汉武帝送去的美酒倒入河水之

中，说出"匈奴未灭，何以家为"的豪情壮言时，酒的情感内涵再次丰富；当文学家司马相如和才女卓文君在酒宴相逢，挥手作出那首《凤求凰》时，酒所带来的喜乐被再度放大。

从秦到西汉，酒文化一喜一悲并相发展，直到曹孟德，有了一次大的升华。曹操一曲慷慨激昂的《短歌行》，既有豪迈的气概，又有婉转的笔调，既有欢乐的音乐，也有悲伤的心情，既有壮志未酬的忧虑，也有势在必得的雄心，既将浓郁的情感注入其中，也加入了对人生的思考，无疑把酒文化提升到了更高境界。

曹操这种做法不仅为饮酒活动增添了剽悍豪迈之色，也对魏晋时期的名士饮酒之风产生了不小的影响。魏晋南北朝时期，名士之间饮酒盛极一时，他们常常借助酒，抒发对人生的感悟、对社会的忧思以及对历史的慨叹。当然，这一时期饮酒风气的兴盛，也源于政策的宽松。魏晋时期，酒有了合法地位，酒禁大开，民间允许自由酿酒，私人自酿自饮的现象相当普遍。

可以说，自秦汉以后，酒文化开始自成体系，具备了一种文化应有的要素，包括思想、内涵、历史背景等。对于酒文化而言，秦汉是一个大发展时期。

四、隋唐：酒与文人的狂欢

在我国古代，诗与酒，文与酒，总有着千丝万缕的联系，酒文化与诗文化交织在一起，形成了独特的诗酒文化。我国的各个朝代都有其独特的诗酒文化，尤其以隋唐时期最为繁盛博大。

诗的兴盛是唐朝文化繁荣的表现形式，而在这背后，我们总能看到酒的影子。酒催发了诗人的诗兴，促进了诗歌的繁荣，而酒通过诗人的转化内化在其诗作中，完成了从物质层面到精神层面的飞跃，因此诗歌的兴盛也对酒文化有着巨大的促进作用。

隋唐时期，酒文化的最大特点就是酒与诗人墨客的大结缘，当然这除了诗歌的繁荣，也离不开酒行业的发展壮大。

从酿酒工艺来看，隋唐时期的酿酒水平较前代有了大幅度提高，人们开始使用酪加热处理和石灰来降低酸度，大大改善了黄酒和琥珀酒的色泽，提高了酒质。

尽管酒的度数仍偏低，口感上过甜，浊酒产量大，但从当时的生产条件来看，能达到这种水平已经相当不易。并且，酒的品类也增加了很多。唐代学者李肇在《唐国史补》中曾列举了当时唐代各地的十三种名酒，其中就包含了郢州富水、乌程若下、剑南烧春、浔阳湓水等。

除了发酵酒，果酒及配制酒也有所发展。配制酒酿造时以米酒为酒基，然后串入动植物药材或香料制成，如蛇酒、地黄酒、杜仲酒、虎骨酒等，其中一些配制酒的方法工艺到现在仍有沿用。

酿酒工艺的进步和酒品种的增加极大地促进了酒行业的发展，唐朝时酒肆极多，饮酒作为一种酒文化也就愈发融入人们的日常生活中。诗人们聚会宴饮甚至独自创作时，也少不了酒的助兴。借助于酒，他们能将心中的情感尽情抒发，点燃创作的激情，与此同时，文人饮酒更注重仪式和内涵，从而使得酒令酒道也更加丰富饱满起来。当时的饮酒之道，是在食毕进行，饱食徐饮、欢饮，既不易醉，又能借酒获得更多的乐趣。

文学癫狂的状态便是诗，饮品癫狂的形态便是酒，诗词与酒的充分交融使得唐朝形成了亦诗亦酒的独特现象，出现了辉煌的"酒章文化"。

　　诗词之外，酒与音乐、书法、美术、绘画等也都相融相兴，洋洋洒洒地充斥着隋唐文化艺术的大舞台，使得酒文化得到了再度丰富。

　　中华酒文化在唐代呈现出了高度发达的面貌，通过与文人的结缘、与诗歌艺术的交相融合而积淀了深厚的文化底蕴，进而变得更加辉煌夺目、璀璨多姿。

五、宋元：酒文化的繁盛

宋朝酒文化是唐朝酒文化的延续和发展，比唐朝更加丰富。少数民族掌握政权后，中华酒文化又被赋予了专属于北方民族的风格和特性，从而展现出了更加多样的面貌。

宋代商贸繁荣，娱乐业空前发达，勾栏瓦舍遍布，这在很大程度上推动了酒业的兴盛。

宋代的瓦舍，又称瓦子、瓦市、瓦肆，类似于如今的商业街、娱乐中心。勾栏亦称构肆、游棚，是瓦舍当中的文娱设施，即一种专供表演的"看棚"。

自古娱乐、餐饮总少不了酒的助兴。瓦舍中，除了说书、皮影、散乐、舞蹈等各种文娱表演外，大铺小店、酒垆茶庄皆荟萃于此，并且都有着属于自己的特点和调性。

吴自牧在《梦粱录》卷十九中说："瓦舍者，谓其'来时瓦合，去时瓦解'之义，易聚易散也。"表明进入瓦舍是一件很随意的事情，因此，瓦舍中常有外地游人的身影。《水浒传》第一百一十回就写道，燕青和李逵潜入东京城，首要的事情就是去勾栏瓦舍看热闹。不同地区、不同身份的人汇集一处，把酒言欢、饮酒作乐，对于酒文化的发展起到了积极的促进作用。

另一方面，自唐代越窑青瓷和邢窑白瓷两大体系形成后，宋代的陶瓷业已相当发达，由此催生出了一大批制作精美的瓷质酒具，如梅瓶、贯耳瓶、玉壶春瓶、长方腹壶、各式罐尊等，其上大都绘有书画，刻有诗句谚语，这也是那个时期酒文化的表现形式之一。

此外，在酒的酿造工艺上，宋代也开创了一大先河，发明了蒸馏法，从此掀开了白酒的新篇章。对于葡萄酒的酿制，创造出了“葡萄+谷物”的特殊方法，使其呈现出较为独特的口味。

不过，就葡萄酒而言，元代才是最辉煌的时代。葡萄酒自汉代由西域传入中原，到了唐朝，中原人学会了自酿葡萄酒，让更多人品尝到了这种美味。然而，在漫长的时光里，中原葡萄酒的饮用量并不多，直到元朝，方才在全国范围内刮起葡萄酒之风，成为人人可饮用的饮料，最终让这个酒种矗立于华夏酒界，在历史长河中闪耀出灿烂光芒。

　　在以葡萄酒为首的果酒之外，黄酒、烧酒、奶酒等酒类在元代也获得了极大的发展。在黄酒酿造上，工艺已臻完善，完成了从浊酒到黄酒的转变；源于金代的烧酒，借鉴黄酒的发酵方法，元代首创"酒曲发酵、再蒸馏曲酒"的做法，发明了真正意义上的烧酒。

　　可以说，元代酒文化的最大特点是展现了中国造酒工艺的大变革，也由此改变了中国的饮酒风俗，使之更加豪放炽烈。

六、明清：酒文化的巅峰

经过数千年的沉淀，到了明清时期，伴随着资本主义萌芽和层出不穷的高度高品质酒，中国酒业发展迅猛，百花齐放，中华酒文化也到达了最璀璨辉煌的阶段。

时代不同，社会时局不同，倡导的思想不同，人们对于酒的理解也不同，从而影响着酒文化的形成。明代起义烽烟不断，清王朝不御外侵，百姓颠沛流离，四处避患，地域文化的形成促进"酒域文化"的产生。

明朝是酿酒业大发展的时期，酒的品种和数量都大大超过前代，品种基本定型。当时，发酵酒已经跃升至黄酒的最高境界，蒸馏酒成为市场的主流产品，各种类型的果酒仍旧受到人们的喜爱，而最为凸显的还是形形色色的配制酒。

　　此时，酒已经成为人们生活的必需品，酒的名号更是蔚为壮观，新年要用椒柏酒祭祀，填仓节饮填仓酒祈愿，端午喝菖蒲酒，中秋饮桂花酿，重阳品菊花酒。此外，各个地区也都有专属的美酒出产，也因此形成了明显的地域风格，划分出了北酒和南酒两大派系。

　　当然，民间酒业的繁荣离不开政府政策的支持。明代朝廷对酒持有绝对宽容的态度。据记载，明朝典礼每宴必定传旨"满斟酒"，在藩王觐见、外使来朝等各种场合，都会赏赐大量的美酒下去，动辄上百瓶。明成祖朱棣迁都北京后，还特地设立了一个御酒坊负责监酿"内法酒"。此外，明朝廷还鼓励藩王自行酿酒，由此诞生了不少美酿。

　　这种宽容态度使得酒政更加宽松，明政府不再设专门管酒务的机构，取消了专卖政策，对酒的酿造与销售采取放任自流的税酒政策，设立的酒禁对私酿私卖现象也并未起到约束作用。这样一来，酿酒卖酒以及相关行业的发展更加顺遂。

　　清代皇室对于酒的喜爱与明代相比毫不逊色。清世祖顺治定鼎燕京后，就在太和殿举行了清朝入关后的首次大宴，席间畅饮美酒，并于顺治初年设立"酒醋房"，用于酿造皇室酒品；康熙巡行塞外草原时与蒙古王公一起畅饮马乳酒；乾隆最爱喝玉泉酒，其配方曾在民间流行甚广……

宫廷饮酒风气的盛行折射出来的正是清朝酒业的繁荣。中国的酿酒技术经历千年的发展，到清朝时已经达到了绝对高的水平，整个酒类品种和制酒工艺得到了长足的进步，尤其是蒸馏酒品类十分丰富，浓香、酱香、米香、兼香应有尽有，白酒技术也逐渐完备和成熟。

同时，整个社会的饮酒风气也发生了很大的变化。明代以前黄酒占据着主导地位，但是到了清代，白酒的饮用和酿造开始大范围普及，嘉庆年间烧酒解禁后，白酒的饮用总量甚至超过了黄酒。不过价廉味浓的烧酒并不能入达官贵人们的法眼，多是中下阶层百姓饮用，有文献上就曾记载八百里秦川居民饮烧酒的一幕——"素不饮茶，早起入市群饮烧酒"。

饮酒之风的盛行，也使得酒德变得更加重要，明清两代可以说是中国历代行酒道的又一个高峰。中华酒文化素有的反对过度饮酒在这一时期有显著体现，明宣宗曾下《酒谕》明示酗酒的危害性，明清文人也提倡"有所禁而不淫"，反对盲从古人的豪饮。

明清饮酒特别讲究"陈"，认为愈陈愈妙，将酒道推向了一个修身养性的境界，提倡借助酒观花赏景，交流情感。酒与养生挂钩，酒的饮用时间、流程都颇有讲究。酒与文学艺术关系甚密，酒令五花八门，花草鱼虫、诗词歌赋无不入令。

可以说，整个明清时期，酒与绘画、音乐、书法等艺术的关系极为紧密，酒俗酒礼文化随之丰富，酒通过文人墨客融入市井生活，把中国的酒文化从高雅的殿堂推向了通俗的民间，为整个中华民族的酒文化增添了浓墨重彩的一笔。

第六章

酒礼酒令

一、酒礼酒德的起源与嬗变

中国素有"礼仪之邦"的美誉，在饮酒行为上也有严格的礼仪规范和德行要求，这也是为什么中国能在酒史如此漫长且尚酒之风如此普遍的情况下，也没有发生严重的酗酒之害。

酒礼，即饮酒时的礼节，放在现在，碰杯即为最普遍的酒礼。中国的酒礼早在远古时代就已初见雏形，夏商周三代以来，礼成为人们社会生活的总准则，渗透到政治制度、伦理道德、婚丧嫁娶等各个方面，酒礼也因此更加丰富和规范，用以体现酒行为中的尊卑、贵贱、长幼乃至各种不同场合的礼仪。

西周是整个古代酒礼最严格的时期，这主要源于周公颁布的《酒诰》。周公在诰令中明确指出，酒是为了祭祀天地、神灵、祖宗而被创造出来的，并不是为了供人享用，因此严禁群饮、崇饮，违者处以死刑。

　　西周酒礼是礼制社会的主要礼法之一，建立起了一套规范的饮酒礼仪，概括来说为"时、序、效、令"四个字。"时"即掌握饮酒时间，只能在冠礼、婚丧、祭祀等大型典礼上饮酒；"序"是指在饮酒时要遵循先天地鬼神、后长幼尊卑的顺序；"效"是指饮酒要适度适量，三爵即止；"令"是指在筵席上要服从酒官管理，不得过于随意。

　　尽管春秋战国时期礼乐制度的崩坏给酒礼带来了一定的冲击，但是自秦汉以后，礼乐文化得到确立和巩固，酒文化中礼的色彩并未消退，反而愈来愈浓。历代为了保证酒礼的顺利执行，都延续周代专门设有酒官，汉有酒士、晋有酒丞、梁有酒库丞、隋有良酝署，唐宋因之。

　　酒德，即酒行为的道德和酒后应有的风度，与酒礼互为表里。酒德二字最早见于《尚书》和《诗经》，以商纣王"颠覆厥德，荒湛于酒"的反例，告诫人们饮酒要有德行。

　　我国古代，儒家学说一直被奉为治国安邦的正统理念，尤其从汉代开始，由儒家所倡导的酒德也因此被历代所推崇。贯穿整个古代历史，有关酗酒危害、提倡饮酒有度的文章也比比皆是，如《酒戒》《酒觞》等。

　　酒德源于儒家对于酒的规范，儒家并不反对饮酒，但是对这一行为提出了严格要求，《尚书》中就曾提到，"饮惟祀，无彝酒，执群饮，禁沉湎"，即只有在祭祀时才能饮酒，饮酒不可频繁，禁止聚众饮酒，禁止饮酒过度。

《礼记》中对酒德还作了具体说明："君子之饮酒也，一爵而色温如也，二爵而言斯，三爵而冲然以退。"孔子也提出"唯酒无量，不及乱"，意思是饮酒没有数量限制，但要以饮酒神志清晰、形体稳健、气血安宁、皆如其常为限度。

酒德自提出后经历代发展，内容不断丰富，成为中华民族优秀传统文化在酒行为上的集中体现。林超先生曾在《杯里春秋》中对中国酒德进行了高度概括，即"逸、和、友、敬、雅、节"。逸指饮酒后人的才思、兴致被激发；和是说喝酒可以"孕和"；友是说要发挥酒融洽人际关系、交流思想的作用；敬是讲喝酒要敬让，讲礼仪，保持和谐气氛；雅是说喝酒要讲文明、合规范；节是说喝酒要适度和适量，不酗、不湎、不沉。

总之，中国所提倡的酒礼酒德，就是制止滥饮，提倡节饮，反对粗俗怪诞之饮，要求做到饮有格、酒有品、人有量、醉有度。

二、飨礼：最高规格的酒礼

古人好宴重礼，尤其是皇室贵族，对于宴饮宾客之礼极为讲究。在古代众多酒礼中，飨礼占有绝对重要的地位，是古代帝王贵族宴请臣子、宾客最高规格的酒礼。

清代王鸣盛《蛾术编·说制七·〈伐木〉诗兼飨食燕礼》一书中说道："何氏楷（《〈诗经〉世本古义》）曰：'礼有飨，有食，有燕。飨礼烹太牢以饮宾，体荐而不食，爵盈而不饮。'"

古代王族接待宾客，有飨、食、燕三礼，飨礼有太牢（牛、羊、豕三牲俱全）和各类美酒，所用食材和器具也极为讲究，是

反映古人酒宴的《夜宴图》

三礼中最为隆重的礼仪。

飨，又作"享"，最早源于享神，意思是祭祀天地祖宗，后来王族中祭先王的大礼也被称为飨。因为是祭祀之礼，所以最开始飨礼虽酒肉齐全，但并不是让人大吃大喝的，多为摆放陈设所用。

周代时，飨礼被列入周天子的王事范畴，为朝聘、会盟、征伐等王朝大事所用。此外，这一时期诸侯在朝见天子，参加纳贡述职和升堂助祭时也多使用飨礼。到了春秋时期，诸侯国的国君也开始流行使用飨礼宴请群臣、贵宾。

根据史籍记载，飨礼主要包含四个部分，分别为迎宾礼、献宾礼、歌奏合乐和礼终宴射，具体有迎宾、献宾、作乐、宴饮、娱乐、习射、送宾等步骤。飨礼的主家为天子、各诸侯国君主，客人主要是前来朝拜的诸侯、大臣、外宾、使者等。举行飨礼前，君王会先让大臣拟好宾客名单并通知他们前来参加。

正式列宴时，君王先命主掌膳食之人摆放好馔具，乐人持乐器，将席位尊卑依次设定好，选一人主管酒尊之事，然后开始迎宾。迎宾时，天子站立，众人向其行礼，而后天子坐到自己的位置上，众人也各就各位。

飨礼的献宾礼是由乡饮酒礼发展而来，所谓"献"即饮酒礼之惯例，乡饮酒礼中多为一献之礼，凡一献之内有一献、一酢、一酬三节，而飨礼的献礼则多达九献，就是主人酌献宾客，宾酢主人，主人酬宾，如此九次，即为九献。

飨礼中献礼的次数主要是为了体现身份等级差别，据《周礼·秋官·大行人》的记载，上公之礼，飨礼九献；诸侯诸伯之礼，飨礼七献；诸子诸男，飨礼五献。此外，飨礼献礼中的"酢"环节非常重要，最能突出君臣之别。在乡饮酒礼中，"酢"是指宾客取盛有酒的杯爵到主人席前还敬，但在飨礼中，宾客不能直接取爵还敬，必须等到主人发出命令才能进行。

宴饮中奏乐也是飨礼的重要环节，奏乐的目的并不是助兴吃喝，而是以礼观乐。奏乐伴随着飨礼的各个环节，而在献礼之后，还会有专门的歌奏，如《周礼·春官·大师》记载："大祭祀，帅瞽登歌，令奏击拊。"郑玄注引郑司农曰："登歌，歌者在堂也。"

宴会快要结束时，主人还会与宾客进行射箭比赛，即礼终宴射。在比赛中输掉的人要站着喝罚酒并向胜利方行拱手礼，射箭共进行三次，第二次射箭时，需要用埒进行伴奏，第三次射箭结束后，伴随着对输家的惩罚，宴会也就此画上句号。

　　作为古代最高规格的待客酒礼，飨礼不仅体现出古人对于等级制度的重视，也完美地描绘出了他们的礼乐精神。

三、燕礼：上流社会联络感情之礼

《周礼·春宫·大宗伯》记载："以飨燕之礼，亲四方之宾客。"古代，燕礼与飨礼都是著名的以酒席招待宾客的礼仪，它们的仪式组成也十分相近，但仔细来看，两者不管是从规格还是礼仪上，都有着严格区别，所谓"飨主于敬，燕主于欢"。

"燕"通"宴"，有休息、安闲的意思，这也表明了燕礼的性质，就是以休闲娱乐为主，因此燕礼的仪节比较简约，以饮酒为主，有折俎而没有饭，意在尽宾主之欢。古代皇室贵族在政余闲暇之时，会举办宴会，与大臣、下属、亲友、族人、贵宾等联络感情，这种宴席上所用礼仪即是燕礼，如《仪礼·燕礼》有云："燕礼，小臣戒与者。"

除此之外，燕礼也有敬老之礼的说法，如《礼记·射义》记载："古者诸侯之射也，必先行燕礼。"《礼记·王制》记载："凡养老，有虞氏以燕礼，夏后氏以飨礼，殷人以食礼，周人脩而兼用之。"《郊居赋》记载："受老夫之嘉称，班燕礼於上庠。"

古代燕礼在上流社会十分普遍，天子、诸侯和大族各有燕礼，但相关的资料很多都已经散失，仅诸侯燕礼有较为详细的记载。

《仪礼·燕礼篇》曰："膳宰具官馔于寝东。"其中"寝"即路寝，是天子、诸侯听政、处理事务的场所。这句话的意思是，燕礼开始之前，有司们要陈设好各种器物，除各种食具外还有编钟、镈、鼓等乐器，膳宰要将肴馔陈设在路寝的东侧，表明了燕礼的举行地点和准备工作。

燕礼宴席一般参加的人很多，而且身份与地位往往有很大差别，因此，席位的安排要体现出尊卑与等差。《燕义》说："君席阼阶之上，居主位也；君独升立席上，西面特立，莫敢适之义也。"宴会开始时，仅有国君一人站在席上，面西而立，就位之后，卿、大夫、士、士旅食者等在小臣的引导下进入寝门，按照尊卑的顺序并排而立，尊者在东或北。众人所用器具也有尊卑体现，国君专用的酒尊称为"膳尊"，陈设在卿大夫的酒尊之南，未得到爵命的士，用的是两把圆壶，陈设在门内的西侧。

　　燕礼从宾、主行一献之礼开始。按照宴饮礼节，主人斟酒前要先下堂到庭中的"洗"之前洗手、洗酒爵，宾也要随之下堂，这个步骤要重复两遍。然后，双方一起上堂，主人酌酒向宾献酒。宾拜谢后接过爵，入席坐下作食前祭祀，祭毕，称赞酒的甘美。这一过程就是"献"。接着宾酌酒回敬主人，即"酬"，仪节与"献"基本一样，只是宾、主的角色发生了转换，两人的礼节正好与前面相反。唯一的不同是，主人喝完酒之后，无需称赞酒的美味。而后再由主人酬宾，一献之礼才算完成。当然，若是国君宴请，这些礼节会因为国君身份的特殊性而有所变通。

　　值得一提的是，燕礼吃的是狗肉。古代在十分郑重的场合用太牢，即牛、羊、豕，而在相对随意的场合则用犬，这也体现了燕礼休闲社交的性质。

四、酒令的起源和发展

酒令是汉族民间风俗之一，在中国有着悠久的历史，是一种具有中国特色的酒文化。在中国的酒桌上，酒令的形式多种多样，花样百出，为人们的饮酒增添了乐趣，调节了气氛，同时提高了饮酒的文明程度。

酒令是酒席上一种助兴取乐的游戏，一般的形式就是，席间推举一人作令官，剩下的人听令轮流说诗词、对联、俗语或者做其他形式的游戏，违令者或者答不上来的就要受罚喝酒。从这一点看，行酒令也是劝酒行为的文明化和艺术化。

古人酒宴上的游戏"投壶"

酒令最早源于饮酒行令，诞生于西周。最初，酒令就是有关节制人们饮酒的律令。西周时期，饮酒礼仪制度森严，尤其对于大型宴会上的饮酒管控非常严格。酒宴上除了设有专门"掌酒之政令"的酒官外，还有维持酒席秩序、监事人们饮酒的"监"和"史"。

《诗·小雅·宾之初筵》说："凡此饮酒，或醉或否。既立之监，或佐之史。"酒官发起敬酒、罚酒的命令，而"监""史"则要监管饮酒者，不准饮酒过度，不准有失礼仪，违者予以惩处。

事实上，酒令虽然诞生于西周，但是酒令一词直到春秋后期才出现，汉代韩婴所著《韩诗外传》载："齐桓公置酒，令诸侯大夫曰：'后者饮一经程（一种酒器）！'管仲后，当饮一经程，而弃其半曰：'与其弃身，不宁弃酒乎？'"这表明春秋时期，酒令这一名称就已存在。

春秋战国以来，随着西周奴隶制度的礼崩乐坏，酒令的含义有所变化。战国初期，酒令转变为劝酒的性质，后又发展为佐酒助兴的方法，如投壶酒令在当时十分流行。酒宴上，西周的"监""史"则被"觞政"所取代。关于"觞政"，根据刘向《说苑》的记载，就是席间执行罚酒使命的人。

魏晋时，酒令发生了一次大的变革。西晋时大富豪石崇喜欢在他的金谷别墅中宴客，席间常常要求客人即兴赋诗，并规定"或不解者，罚酒三斗"，使得以诗为令的酒令正式诞生。

之后一种与诗关系密切的、别有风情的酒令很快在文人墨客中流传开来，即曲水流觞令。所谓曲水流觞令，就是选择一个风景秀丽、幽静高雅之处，众人于潺潺流水的曲水边按序就座，然后将盛满酒的杯子置于上流使其顺流而下，酒杯流到谁面前，谁就要饮尽并趁酒兴作出诗来。历史上最著名的曲水流觞便是东晋永和年间大书法家王羲之与当朝四十余位名士一同集会的兰亭修禊大会。

到南北朝时期，继曲水流觞酒令后，又演化出吟诗应和。南方士大夫在酒席上吟诗应和，迟者受罚，蔚然成风。

唐代是酒令大丰富的时期，"唐人饮酒必为令为佐欢"，当时的酒令可谓样式繁多，五花八门，如有历日令、罨头令、拆字令、不语令、雅令、招手令、抛打令等，汇总了上流社会的许多游戏方式，其中较为受人们欢迎的有"藏钩""射覆"等几种。

至宋代，酒令比唐代有了更广泛的基础，这时候较为流行的酒令有掷骰、酒筹、文字令、击鼓传花、旗幡令等，雅俗共赏，俗中见雅。随着通俗文学的发展，酒令中

"俗"的成分越来越浓厚，到元代时，酒令开始从贵族富豪、文人雅士的宴席普及到民间百姓家中。

明清酒令发展进入巅峰，其形式和内容都极为丰富多彩，人鱼鸟兽、花草树木、历史典故、时令节气、民俗习惯、唐诗宋词等皆可入令，酒令开始向着系统化、理论化的方向发展，很多相关的著述也相继出现。

酒令本身虽趋向于规整，但行令气氛却十分宽松。明清行酒令只为劝酒取乐，当时最流行的酒令，当推拧酒令儿，也就是不倒翁。人们在酒宴上旋转不倒翁，待其停止转动后，脸朝向谁，就罚谁饮酒。

今人饮酒，不醉不欢，古人亦然，千变万化的酒令为佐酒助兴、活跃宴席起到了积极作用，更对酒礼的变革、丰富和发展有着重要意义，使得中华文化入于酒、融于酒。

五、饮酒时的雅令与通令

中国酒令名目繁多，行令方式多种多样，不同的群体使用的酒令也有所不同，比如文人雅士与普通民众之间、达官贵人与走夫贩卒之间的酒令就不同。人们根据酒令的形式和风格特点，将其大致划分为"雅令"与"通令"两大类。

所谓"雅"即文雅、高雅，雅令主要是文人使用，表现为对诗或对对联、猜字、猜谜等形式。

古代较为著名的雅令，有四书令、花鸟虫令、诗令、谜语令、典故令、牙牌令、人名令、筹令等，这些酒令即使属于同一类型，在具体实行时也会有所不同，当筵者可以依据座中情况加以发挥，并无定制。例如花枝令，有以一枝花行令，口唱其词，逐句指点，举动也算在内，稍有不当之处就予以罚酒；也有用击鼓传花或绣球的形式，进行吟诗作对，答不上者即罚酒。

雅令行令时，一般推一人为令官，出诗句、对子或俗语、歌词，其他人按照首令之意续令，所续要在内容与形式上相符。雅令行令时必须引经据典，要求象形、会意兼有，推崇奇思妙对，或妙语双关，或顶针回环，或双声叠韵，且需要即席构思和应对，这就对行酒令者提出了较高的要求，既要有浓厚的文化底蕴，又要具备敏捷的才思和灵活的头脑，心快、眼快、手快、嘴快，四者缺一不可。

可以说，雅令就是文人间智慧才思的竞赛游戏，这样的形式也就决定了它并不是所有人都能实行的，正是因为如此，一种更适合普通大众的酒令应运而生了，这便是通令。

"通"顾名思义就是通俗，通令简单易行，不需要做任何准备，几乎所有人都能做得来，多为一般平民百姓所用，在大众中流行广泛。

通令通俗易懂且极易调动热闹气氛，其行令方法主要有掷骰、猜物猜数、抽签、划拳等，按照游戏类型，可划分为划拳令、大众令和花样令等。

今人饮酒时划拳很常见，其实这种增添饮酒乐趣的方式在唐代时就已经非常流行了。唐人称划拳为"拇战""招手令""打令"，一般同于两人对垒，两人用若干个手指的手姿代表某个数，出手的同时每人报一个数字，谁猜的数字是两人手指比画的数字之和谁就获胜，如果说的数字相同则重来。大众令形式极多，主要有十种，分别为骰令、猜物、指掌令、击鼓传花令、虎棒鸡虫令、汤匙令、地方戏名令、拍七令、投壶、揭彩令。花样令主要是一些常见酒令结合、变化的形式，如虎棒鸡虫令、猜骰子、读数等。

通令不必劳神，不必动脑，多凭运气使然，但也因此少了雅致和文化气息，不免粗俗鄙陋，嘈杂单调。不过，通令中也有较为雅致的，比如雅令中的花枝令在通令中则是以"击鼓传花"的形式呈现，行令时，令官拿花枝在手，一人站在屏风后击鼓，行令者从令官手中接过花枝依次传递，鼓声停时花枝在谁手中，谁就要喝酒。与雅令的花枝令相比，通令花枝令少了吟诗作对的环节，因此实行起来简单了许多，但也并未失去以花传令的高雅。

除了雅令和通令，酒令还有其他类型划分，如清人俞敦培的《酒令丛钞》，把酒令分为古令、雅令、通令、筹令四类；当代人何权衡等编著的《古今酒令大观》，把酒令分为字词令、诗语令、花鸟鱼虫令、骰令、拳令、通令、筹令七类。不管如何划分，酒令始终脱离不了雅与俗的界定。当然，酒令的雅与俗也不是绝对的，在即兴创作和自由选择之下，两者是可以相互转换与共同存在的。

第七章

酒宴酒俗

一、人生礼仪的酒俗

人的一生会经历很多重要时刻，在这些重要
时刻里，我们要用一些特定的方式表达祝福和期
望，这就是人生礼仪。而酒就在这些仪式中扮演
着重要角色，承载着人们美好的期盼和祝福。

从呱呱落地到年少成人再到家成业就，这些人生
中充满仪式感的时刻常常会通过一系列生活酒
宴来庆祝或祈愿，其中比较常见且重要的有抓周酒、加冠
礼酒、祝寿酒等。

抓周酒

《红楼梦》有一段这样的描写：（宝玉）那周岁时，政
老爷试他将来的志向，便将世上所有东西，摆了无数叫他
抓。谁知他一概不取，伸手只把脂粉钗环抓来玩弄……

这写的便是宝玉周岁时抓周的场景。抓周就是在桌子
上放一些笔、书一类的东西，让小孩子来抓，以此测试其

将来的志向。比如孩子抓了书、笔一类的东西，在场的客人就会称赞孩子将来是读书考状元的料子，当然孩子抓了其他的物件，客人们也会想着法说一些吉祥话。

在中国，婴儿的诞生礼仪十分讲究，从孩子刚出生一直到一周岁，期间有各种各样的酒宴，如满月酒、剃头酒、百日酒等，其中以周岁酒（也称抓周酒或得周酒）最为普遍。在孩子抓周之后，父母会照例摆出"周岁酒"招待宾客，在酒席上，还要抱着孩子串桌轮流称呼长辈，并逐一劝酒。

加冠礼酒

加冠礼即我国汉民族传统的成人礼仪，是华夏先祖非常重视的人生礼仪，《仪礼》将其列为开篇第一礼。

古代男子的成年礼被称为冠礼，女子则为笄礼。古代冠礼于二月在宗庙举行，在举行前十天，受冠者要先卜吉日，若没有吉日则推迟到下一旬，举行的前三天，要通过筮法选择主持冠礼的贵宾与一位赞冠者。正式举行时，所有参与加冠流程的人都要穿着礼服，对受冠者先加缁布冠，次授以皮弁，最后授以爵弁，每个步骤完成，贵宾都要对受冠者读祝词，提出要求和期望。加冠完成，加冠者要拜见自己的母亲，再由贵宾取字，然后主人送贵宾到庙门外，为他敬三次酒，同时送鹿皮、绢帛、肉为报酬。之

后，受冠者改服礼帽礼服去拜见长辈、乡大夫等人。女子
的笄礼与冠礼有些许不同，但大致的举礼程序是一致的。

加冠礼是汉民族重要的人文遗产，早在先秦时期就已
经形成了一套成熟的仪式和程序。现今，我们也会提到成
人礼一词，但在举行仪式上远不如古代那么繁复和讲究。

祝寿酒

祝寿酒在我国也有着非常悠久的历史，"人生逢十为
寿进而办寿酒"已成定规。一般情况下，人们办大型寿酒
都是从六十岁开始。按照我国风俗，六十年为一甲子，并
且这个年龄之后的人大都家成业就，儿孙满堂，的确需要
大大庆贺一番。

祝寿时，最正中的屋子即为寿堂，正墙上要挂寿星
图，并贴祝寿对联，前面放一张桌子，上面摆寿酒、寿
烛、寿桃等。做寿老人端坐堂前，依次接受儿孙小辈的跪
拜和敬酒。拜寿完毕后，大家入席喝寿酒，吃宴席，开怀
畅饮。

人生礼仪彰显的是人们对生命的尊重和对美好生活的
向往，而酒则是表达这些的最好载体。

二、婚嫁定亲的酒俗

结婚是人生的一个转折点，婚礼更是人生中无比神圣的仪式，尤其对于家庭观念极重的中国人来说，这样重要的时刻自然脱离不了酒，也因此形成了一系列关于婚嫁定亲的酒俗。

在中国，婚事活动从提亲到定亲再到婚嫁的每一个环节，酒都是必备之物。

打到话（提媒）、取同意、索取生辰八字、媒人去姑娘家议事，都必须携带礼品，而这其中，酒是必不可少的。

提亲酒

定亲之前，男方和媒人要到女方家打到话（提媒）、取同意、索取生辰八字、议事等，这些过程都需要携带礼品，其中酒是必备品。

会亲酒

提亲完毕，获得女方同意，双方就要举办订婚仪式，订婚仪式上要摆会亲酒。通过订婚酒宴，婚姻契约得以生效，表示新人的婚姻大事已成定局，双方不可随意退婚赖婚。

婚礼酒

定亲之后，婚礼就要提上日程了。古代成亲时，在女方进入男家后，第一件事就是要祭拜男方的列祖列宗，而后举行结婚仪式，仪式完毕，众人开席喝喜酒。现在婚礼大致分为接亲、回新房、举行仪式、吃酒席等几个步骤，酒席上，新人与男方父母还要串桌轮流敬酒劝酒。

交杯酒

婚礼上的酒宴自然十分热闹喜庆，然而对于新婚夫妇来说，最有意义的是交杯酒。在中国的婚礼程序中，交杯酒是一种传统礼节，在古代被称为"合卺（jǐn）"。

合卺本意是把一分为二的葫芦，合成一完整器物。葫芦有苦味，用来盛酒必是苦酒，因此合卺既象征夫妻合二为一，永结同心，也暗含同甘共苦的深意。交杯酒自唐代被确立以来，到宋代时就已经变化出了花样。宋代新人饮合卺，盛行用彩丝将两只酒杯相连，并结成彩结，夫妻互饮一盏或传饮。如今，很多地区的交杯酒也都有属于自己的特色，比如绍兴地区喝交杯酒前，要先给新人喂几颗汤圆，而后在儿女双全的妇人的主持下，给新人上两盅花雕酒各饮一口，再把酒混到一起分为两盅让新人分别喝下，寓意"我中有你，你中有我"。

回门酒

婚礼后第二天，新婚夫妇要回到娘家探望长辈，娘家则要设宴款待，俗称回门酒。

回门酒只设午餐一顿，主要是让新人和娘家人谈心，酒后夫妻回家。

以上只是我国汉族婚嫁的一些常见酒俗，还有很多地区、少数民族都有着与众不同的婚嫁酒俗。

最著名的就是南方地区的"女儿酒"，《南方草木状》一书中就记载了这一酒俗。南方人生下女儿后数周便开始酿酒，酿成后在酒坛上刻上各种山河花草图案，然后将其埋藏在地下，待女儿出嫁之时取出，请画匠用油彩画出"百戏"，并配以吉祥如意、花好月圆的"彩头"，而后上桌供宾客饮用。

土家族举行婚礼时往往会连带着成人礼一起办，因此十分隆重。新郎新娘会在婚前一日行冠礼，新郎穿上礼服，先行祭祖，然后摆酒宴，由九个未婚小伙祝酒道贺，媒人给新郎敬酒一杯，同时说八句敬酒词。而女方的成人礼是在家举行，寨中姑娘来"伴嫁"，吃"戴花酒"。

我国幅员辽阔，民族众多，不同地区不同民族都有着不同的风俗习惯，这些共同构成了我国辉煌灿烂的文化。

中国民俗节日形式多样、内容丰富，是中华民族历史文化长期积淀凝聚的体现。人们在过这些节日时，都会通过饮酒和办酒席来表达喜悦或感慨的心情。

中国一年之中节日非常多，并且大都是从远古先民时期发展而来的传统节日，不仅包含着丰富多彩的社会文化活动，也沉淀着厚重深邃的历史文化内涵，在这样的节日中饮酒设酒宴，是极具纪念意义的。

春节

在我国，春节是一年伊始，也是最重要的节日。春节的庆祝活动往往从农历的腊月二十三开始，一直延续到次年的正月十五，整个过程中，酒始终伴随其中。

一般来说，春节的庆祝活动主要有送灶、守岁两个重要部分。送灶就是将灶神送回天庭，相传灶神是玉皇大帝

派驻凡间的使者，每年的腊月二十三，灶神都要回天庭向
玉帝报告情况。送灶之前，人们要先祭拜灶神，在其面前
摆上贡酒、水果以及黏糖，然后点上香烛，祈祷一番，祭
祀完毕后，将灶神的画像揭下来烧掉，就表明送灶神完
成了。

守岁的时间在除夕，即大年三十的晚上。按照我国民
俗，这一夜人们是不能睡觉的，以迎接新的一年，因此
被称为"守岁"，有的地方守岁要喝酒，这酒就是"守岁
酒"，也称"屠苏酒"。

绍兴地区还流行在腊月二十夜至三十日之间喝散福
酒。举办散福酒宴时，人们要在前半夜烧煮福礼，拂晓之
前摆好供桌，次日凌晨开始祭神。祝福祭祀完毕，全家人
一起围坐喝酒，因为这酒刚供奉过菩萨神灵，是神赐之
福，因此叫散福酒。

元宵节

元宵节可以看作是春节的尾声，这一天也是三官大帝
的生日，所以人们要为这些天官庆祝生日的同时祈福。古
代元宵节时，人们必用五牲、果品、酒供祭，祭礼后，家
人团聚畅饮，以祝贺新春佳节结束。此外，还要吃元宵，
一些地区到晚上时，男女老少还会在家喝元宵酒。

上巳节、清明节

上巳节是中国最古老的节日之一，早在周代时就已经出现。古代上巳节人们的庆祝活动十分丰富，那时临近四月，天已转暖，人们会到水边洗涤污垢，玩耍嬉戏，后来逐渐形成了临水宴宾，在水边设置酒席，举行饮酒活动。

明代《岁朝村庆图》中的酒元素

与上巳节相邻的清明节是祭祀先祖的节日，旧时人们扫坟祭祀后还会踏青游玩。祭祖时，人们会带上酒菜、香烛和供品，将其在墓前摆放好后，点燃香烛叩首祈祷。因为酒菜供品是送给坟亲享用的，所以叫上坟酒，人们回到家中还会饮清明酒。

端午节

端午节的习俗是要在门前挂菖蒲、艾草用以辟邪，当天中午人们也会置办酒席，准备五黄和雄黄酒，这就是"端午酒"。

中元节

中元节俗称"鬼节"，时间是农历的七月十五。旧时这天晚上，人们要点河灯为亡灵引路祷告，白天会在家中摆上"七月半酒"。

重阳节

王维的一首《九月九日忆山东兄弟》将重阳节的习俗一展无遗。旧时重阳节习俗与迷信有关，古人在这天会登高、佩茱萸、饮菊花酒，登高是为躲避灾祸，佩戴茱萸是为驱病辟邪，饮菊花酒则寓意益寿延年。

冬至酒

一些地区有在冬至为死者送寒衣的习俗，这一天人们要祭拜亡者并焚化纸质寒衣供死者御寒。祭祀之后，亲朋好友聚在一起饮酒，既为怀念亡者，又可以联络感情。

事实上，中国的节日几乎都会涉及酒，也都有着相应的酒俗，除了上面提到的一些以外，还有中秋节的团圆酒、腊月二十前后的挂像酒和落像酒、除夕的分岁酒等，并且不同地区这些习俗也有所不同，总之节日的酒俗是十分丰富的。

四、日常生活中的酒俗

除了人生的重要时刻和重大节日外，中国人的日常生活中也离不开酒。可以说，在某种程度上酒就是中国人的情感寄托，但凡遇到一些事情就会通过酒来表达情感，因此日常生活中也就产生了许多酒俗。

生活中，人们常会遇到高兴的事情与人分享，也会与人产生矛盾需要调和，会帮助别人也会得到别人的帮助，这些时候都需要酒这种中介来维持社会关系。

报生酒和寄名酒

民间一些地方在妻子生了孩子之后有喝报生酒的习俗。丈夫会提着一壶黄酒到丈母娘家报生，丈母娘要把黄酒倒出来，然后在酒壶中装一些米作为回礼，让女婿带回去给女儿熬粥。

旧时孩子出生后，还会请人算命，若命中有灾就要把孩子送到附近的寺庙、道观做寄名和尚或道士。一些富裕的家庭在拜过法师后会举行隆重的寄名仪式，在家中大摆酒席，祭祀天地先祖，邀请亲朋好友前来参加，这种酒席就叫寄名酒。

造屋酒和乔迁酒

这两种酒俗统称新居酒。民间盖房子是一件大事，在建造房屋时就会设办酒席，这种酒席一般在上梁时开办，也叫上梁酒。因为上梁是盖房中的一道重要工序，同时意味着新屋即将建成。办上梁酒时，主人要挑选吉日准备三桌祭酒，正中祭祀先师鲁班，其他两桌则祭祀天地，然后举行上梁仪式，由年长的工匠站在梯子上说一些吉祥话，然后架上大梁。祭祀和上梁结束后，主人请工匠们一同喝上梁酒。

等到乔迁新居时，人们也会举办酒宴邀请亲朋好友共同分享喜悦，这便是乔迁酒。

开业酒和分红酒

做买卖的人，店铺开业或作坊开张时，要置办酒宴以表庆贺，这就是开业酒。过去，店铺到年终时会按股份给股东分配红利，这时候也会置办酒席，即分红酒。一方面是为了感谢股东们的支持，联络感情；另一方面是为了表达来年生意更加红火的期望。

壮行酒和接风酒

过去，有亲人朋友将要远行时，人们会为其举办酒宴喝壮行酒为之送行，表达惜别之情。古代军队打仗，出征前的祝捷之饮也可以看作是壮行酒的一种。

亲人朋友从远方归来，还会举办洗尘酒、接风酒，以欢迎他们回来，寓意洗掉路途中的疲惫艰辛。军队若打胜仗归来，则会举办庆功酒。

和解酒和谢罪酒

人与人之间有了纠纷，有人出面劝和，双方坐下来交谈，势必少不了酒的辅助，劝和过程中，过错大的一方要举杯谢罪，劝和成功也要摆酒宴感谢劝和之人，于是就出现了和解酒和谢罪酒。

人们日常生活中的酒俗是多种多样的，各个地区也都有属于自己的酒俗文化，这既是酒与人们生活息息相关的证明，也是炎黄子孙生活的一种写照。

第八章

酒典酒事

一、郦食其：高阳酒徒醉狂放

在我国悠久的历史中，酒与人的渊源无法言清。它不仅能帮助人们实现自己的政治抱负，也能达到以柔克刚的目标，而在某些重要的时间节点上，酒同样能够推波助澜，发挥其他物品所没有的作用。

秦末农民起义爆发，各路英雄纷纷起兵，刘邦也在其列。不久后刘邦名声大噪，很多人都慕名前来投靠。当时陈留高阳乡有一个叫郦食其（yì jī）的人，认为刘邦具有雄才大略，值得追随，便一门心思想要投入其门下。

刘邦手下有个侍卫，也是高阳乡人，刘邦率军队驻扎陈留时，这士兵回家探亲遇到郦食其，郦食其便让他向刘邦推荐自己。

一天，刘邦正在洗脚，忽然侍卫来报说门外有人求见，刘邦问何人，侍卫回答说是一位老者，看起来像个儒生。刘邦生平最讨厌儒生，还曾用儒生的帽子当洗脚盆来侮辱他们，所以听到侍卫这么说，便马上不耐烦地摆摆手说："我正忙着天下大事，哪有时间见儒生，不见！"

侍卫就将刘邦的话原封不动地转告了郦食其。郦食其虽然读过不少书，也有见识，但自少年时就嗜酒如命，常常混迹于各个酒肆，性格狂傲，自然不是一般儒生那样，闻听侍卫的话，马上怒目圆睁对侍卫说："再去告知，我可不是什么儒生，我乃高阳酒徒。"

虽然郦食其此时不过一个小小的里监门，但在陈留也算小有名气，侍卫也没同他计较，再次进去通报了一番。这一次，刘邦听说是高阳酒徒，连脚都顾不得擦就出门迎接去了。

刘邦命人摆好酒席，和郦食其喝了个痛快。席间，刘邦说："早就听过先生大名，今天才得以相见，如今我正面临一难题，想请教先生，如何才能破秦？"

郦食其看刘邦虚心求教，也不含糊，说道："你带领的军队，还不到一万人，大多又是乌合之众，如果强攻无疑是羊入虎口。陈留这个地方四通八达，城中又屯有很多粮食，可以说是天下要冲，如果能够拿下陈留，破秦便指日可待。我认识这里的县令，让我去劝说他投降，若不成，

你再举兵攻打，到时候我做内应，一定能够成功。"刘邦
觉得有道理，就采纳了郦食其的建议，之后两人又边喝边
聊，谈得十分投机。

很快，郦食其就回到县城开始了他的计划，奈何县令
惧怕秦法的苛刻，不敢贸然从事，拒绝了投降。当天，郦
食其就杀了县令，并通知刘邦前来攻城。因为群龙无首，
刘邦很轻易就将陈留攻破了。郦食其此举为刘邦的军队解
决了粮草短缺的问题，被封为广野君，成为刘邦的主要谋
士之一。

后来，在攻克峣关时，郦食其等人又通过威胁诱惑，
成功说服守关将领投降，使得刘邦一路直下，最终兵临咸
阳城，迫使秦王子婴献城投降，秦朝灭亡。

公元前204年楚汉相争时，郦食其又建议刘急速进
兵，收取荥阳，并说自己愿意去说服兵众将广、割据一方
的齐王田广。郦食其巧言善辩，成功说服齐王归汉，然而
就在他与齐王日日饮酒作乐之时，韩信乘机袭击了齐国。
齐王以为郦食其出卖了他，便把他烹杀了。

郦食其实现个人抱负，离不开酒的推波助澜，但也因
此狂妄不羁，惹来了杀身之祸。根据这个故事，后人将
"高阳酒徒"引为成语，特指好饮酒而狂放不羁的人。

二、刘伶：美酒一醉睡三年

中国古代的文人很多都与酒牵扯不清，而与酒有联系的文人，大都放浪不羁、洒脱自然。事实上，这放浪洒脱中更多的是对命运的无奈，对现实的逃避。

魏末晋初，有七位名士因常于竹林中饮酒纵歌，肆意酣畅，被称为"竹林七贤"。七人中以嵇康、阮籍、刘伶最爱酒，而三者中，又以刘伶最能饮。刘伶酒量惊人，当属中国历史上真正嗜酒如命的文人，他喝酒从不节制，因此每喝必醉，世称"醉侯"，世人都说刘伶好酒已经到了"病酒"的境地。

据说有一次刘伶因饮酒过多而导致身体不适，感到异常口渴，就向妻子讨酒喝。刘伶的妻子十分贤惠，知道喝酒过多伤身，曾多次劝说刘伶戒酒，但都无用。这一次见丈夫已经这样还要喝酒，一气之下就把所有酒倒掉，还把酒器扔了出去。见状，刘伶知道直接跟妻子要酒不可行，就想出了一个歪点子。他对妻子说："我已经知道饮酒伤身，打算把酒戒掉，但是戒酒需要借助鬼神的力量，你去帮我准备些酒肉祭坛。"

妻子以为刘伶真的悔改了，二话不说就去照办了。祭坛准备好后，刘伶跪在面前念念有词，还即兴作了一首诗："天生我刘伶，酒是我的命。一次喝一斛，五斗消酒病。"说完拿起酒肉就吃喝起来，颓然醉倒了。妻子气不打一处来，叫来一缸酒让人将他推了进去，后来好久不见刘伶的身影，妻子心想不会还在酒缸里吧，就去查看，结果发现刘伶已经把一缸酒喝了个精光，此时正躺在缸底带着满意的笑容酣睡。见此情景妻子知道再劝无用，也只好作罢，由他喝去。

自此之后，刘伶饮酒更加没有节制，也因此引发了不少酒后癫狂之举。他曾背着铁锹在街上跑，还声称"醉死便埋"，意思是他若不幸醉死，只用将他就地掩埋。正是因为这句话，刘伶饮杜康酒，一醉三年被埋于棺中的传说才广为流传。

不过，刘伶醉酒后也有"神举"。一日，嵇康从洛阳带来十几坛好酒，约其他六人在云台山百家岩下的竹林深处相聚痛饮。七人一通畅饮，很快便只剩下最后一坛。这时嵇康提议："现在以酒为题，各写一篇歌颂酒的文章，谁写得好，最后这一坛就归谁。"

七人表示赞同，各自提笔写了起来。写成之后，七篇文章并列展示，虽各有特色，但刘伶的文章仍脱颖而出，只见其一句未改，一字不错，洋洋洒洒，如行云流水一般，并且文辞奇放，语惊鬼神，这就是举世闻名的《酒德颂》。

刘伶胜出，他提起那一坛酒，一口气喝了个底朝天，众人鼓掌惊叹，也不知是感叹刘伶的酒量还是感叹文章的精彩。

需要强调的是，刘伶等人的嗜酒贪杯，并非真的完全是生理需要，而是一种逃避黑暗现实、躲避杀身之祸的无奈之举。但无论如何，饮酒过度都不值得提倡。

三、孙皓：以茶代酒尊恩师

酒桌上，当有人酒量不好或应对劝酒时，常会说"以茶代酒"，如此既推了酒，又不失礼节，让人无可诟病。而这"以茶代酒"在我国古代时就出现过，其中还有一段被人津津乐道的典故。

"以茶代酒"最早典出三国时期东吴国君孙皓。孙皓是历史上有名的暴君，他虽嗜酒如命，最终因酒误国，却也成就了一段"以茶代酒"的佳话美谈。

公元 252 年，东吴太祖孙权病死，其子孙亮继位，不曾料想后来发生宫廷政变，孙亮的哥哥孙休最终登上了皇位。孙休临终前拟下遗诏让儿子继位，并任

饮酒的古人

丞相濮阳兴和左将军张布为顾命大臣，辅佐幼主。然而由于幼主年龄实在太小，两位顾命大臣便改立孙和之子孙皓为帝。

孙皓刚登基时是一位仁慈的君主，他开仓赈贫，抚恤百姓，但很快被权力腐蚀，变得专横残暴，终日沉溺于酒色，不理政事。

孙皓十分喜欢饮酒，因此常常大摆宴席邀请群臣前来饮酒作乐，他还立下规定，宴席中的人不管能否喝酒，都必须饮够七升，如果喝不完就要被强制灌酒。

群臣中有个叫韦曜的，酒量极小，但却从来不被灌酒。原来韦曜曾是孙皓之父孙和的老师，故孙皓对其格外照顾，经常在韦曜的酒杯中悄悄换上茶水，让他以茶代酒，不至于在众人面前难堪。

"以茶代酒"的先例便由此而来。陈寿在《三国志·吴书·韦曜传》中就有这一段记载："皓每飨宴，无不竟日，坐席无能否率以七升为限，虽不悉入口，皆浇灌取尽。曜素饮酒不过二升，初见礼异时，常为裁减，或密赐茶荈以当酒。"

若故事到此结束，绝对算得上一个美好温暖的结局，然而事与愿违。后来韦曜失宠，孙皓便开始对他"一视同仁"，韦曜常因酒不达量而受罚。孙皓还有一个癖好就是让大臣们在酒后相互诋毁，以此来找出对自己不敬或有威胁的人。韦曜忠心耿直，看不得孙皓这样做，提醒他这样会使"外相毁伤，内长尤恨"。孙皓勃然大怒，就将韦曜投进监狱处死了。

虽然忠厚的老臣没有得到圆满的结局，但孙皓最终也因酒误事亡国，被掳去当了俘虏，最终在洛阳病故，也算是自食恶果了。

四、白居易：青衫寥落醉司马

唐代的诗坛，提到与酒相关的诗人，人们第一时间想到的往往都是诗仙李白，李白与酒之间有着剪不断理还乱的联系，正是因为如此，另一位对酒之喜爱丝毫不亚于李白的诗人常常被忽略，此人便是白居易。

白居易一生笔耕不辍，创作丰富，留下了不少诗篇，而其中关于饮酒的占有很大分量。南宋方勺在他的《泊宅编》中说："白乐天多乐诗，二千八百首中，饮酒者八百首。"可见，酒对于白居易而言，也是创作的必需品。

白居易以酒助诗兴的同时，

白居易

也喜欢以酒会友，与友人共同创作。这从其不少诗篇名句中就可见一斑，"晚来天欲雪，能饮一杯无""花时同醉破春愁，醉折花枝当酒筹""共把十千沽一斗，相看七十欠三年"……在大雪纷飞的夜晚，在春愁爬上眉头之时，白居易与友人畅饮美酒，互诉衷肠，消解忧愁。

而提到与白居易共饮酒的友人，不得不说的便是刘禹锡。在那人才济济的唐代诗坛，刘禹锡和白居易曾是炙手可热的诗人，也是一对惺惺相惜的挚友。

公元826年，刘禹锡奉旨去洛阳赴任，当时身处苏州的白居易也前往洛阳办事，途中默契的两人都到扬州歇脚，也因此巧合相逢。文人相遇酒必不可少，更何况是以酒为乐的白居易，于是二人当即就进了酒馆，把酒言欢。席间，白居易写下一首诗赠送好友，刘禹锡也挥笔回赠，写下了至今仍被广泛传唱的名篇，就是那首《酬乐天扬州初逢席上见赠》。

此诗文辞优雅，巧用典故，表达出诗人身处困境但拥有乐观豁达的心态，同时也展现出两人的深厚友情，这种情谊无需客套，也不必多言。

当然，白居易与酒的渊源远不止如此。除了是钟情于酒的酒客，他还是一位技艺精湛的酿酒师。

白居易晚年曾写过一篇《醉吟先生传》，传中他以醉吟先生自喻，称自己生性嗜酒，喜欢吟诗弹琴，还说自己"岁酿酒约数百斛"。

白居易喜欢酿酒，且有着高超的酿酒技术，这在其诗《咏家酝十韵》中也有记载。诗中说他所酿之酒香味浓烈，色泽清透，人饮后便觉心旷神怡，因此广为乡人称赞。此诗中还有一句"旧法依稀传自杜，新方要妙得于陈"，说的正是白居易的酿酒技术师从陈氏，这里的陈氏指的是与白居易同年登科及第的颍川人陈岵。

据史料记载，陈岵与白居易同朝为官，私交甚笃，因白居易好饮酒也懂酒，陈岵便将酿酒技艺传授给了他。而白居易也的确是酿酒的好苗子，在这方面悟性极高，很快便学会了自酿美酒。

自此之后，白居易每年都会自己酿酒，为了贮藏美酒，他还特意修建酒库，并为之题诗曰："此翁何处富，酒库不曾空。"

可见，白居易对于酒的痴迷钟情程度，称其为酒狂也算实至名归，真可谓青衫寥落仍是醉司马。

五、宋太祖：一杯清酒释兵权

在中国的历史上，酒与政治总有着千丝万缕
的联系，有人借助酒实现了伟业，也有人因为酒
丧失了民心，而当有谋略有胆识的政治家将酒作
为权谋的工具时，酒也因此散发出了别样的魅力。

宋太祖刚建立北宋时，一些手握兵权的将领对他
并不信服，他们认为只要抓住了时机，自己也
能完成建国大业。因此他们中的一些人蠢蠢欲动，企图夺
取赵匡胤手里的政权，宋太祖即位后不出半年，李筠和李
重进就开始起兵造反，幸得大将石守信、高怀德等人的有
力反击，二李之乱最终被平定下来。

但尽管如此，宋太祖始终感到惴惴不安。北宋立国初
期，五代遗风严重，加之快速出现的造反事件，太祖更是
担心北宋会成为五代之后的第六个短命王朝。如何避免唐
末以来长期存在的藩镇局面，如何巩固新生王朝使之长久

屹立，成为了赵匡胤最为关注的问题。

建隆元年（960年）末，在平定李筠及李重进叛乱后的某一天，宋太祖召见了丞相赵普，询问他有什么平息战争、稳固政权的长久之计。赵普精通治道，对这个问题也早有思量，就告诉太祖问题之症结就在于藩镇权力太重，君弱臣强，而应对的办法无非削夺其权，收其精兵。

宋太祖是一个善于总结历史经验的帝王，对于赵普的计策他其实早就有所考虑，如今听赵普这么一说，便不再犹豫，于是一个重建中央集权专制制度的计划就这样酝酿出来了。

建隆二年（961年）七月初九日，晚朝后，宋太祖将石守信等多位大将留下喝酒，酒过三巡，众人酒兴正浓时，宋太祖突然屏退左右，哀叹一声，开始倾诉衷肠。

宋太祖说自己坐上皇位全凭在座诸位的出力，也因此感念他们的功德，但是他这个皇帝做得很不快乐，整晚整晚都不能安枕而卧。石守信等人听闻忙询问缘由，宋太祖趁机说道："这有什么难想的，我这个皇位谁不想要呢？"

众将领一听，知道了宋太祖话中有话，纷纷跪倒在地劝慰宋太祖宽心，表示自己绝无异心，会忠心耿耿地侍奉他。宋太祖又道："我知道你们对我忠心不二，但是倘若你的部下想要荣华富贵，为你黄袍加身，即使你不想当皇帝，到时恐怕也由不得自己了。"

此话一出，将领们明白自己已经受到猜疑，弄不好还会有杀身之祸，一时间都开始痛哭起来，恳求宋太祖为他们指条明路。宋太祖便说："人生在世最大的幸福莫过于财富充裕，子孙满堂，你们不如把兵权交出，到一个清净的地方去多置良田美宅，过逍遥日子去。"

石守信等人见宋太祖已经把话说到了这分上，并且在其牢牢掌控中央禁军的情况下，自己别无回旋余地，只能俯首听命，叩谢太祖大恩。

第二天在朝堂上，那些参与酒席的将领们便纷纷称病，要求解除兵权。宋太祖欣然同意，下令罢去他们的禁军职务，派往地方任节度使，并废除了殿前都点检和侍卫亲军马步军都指挥司两个职务，又选用了一些资历较浅、个人威望不高的人担任主要职务。

这便是宋太祖"杯酒释兵权"的典故，赵匡胤借助几杯美酒，既解除了国家的内部忧患，又保全了自己的美名，手段可谓极其高明。